Knowledge BASE 系列

一冊通曉 啟動作為前已知財報結果的經營法

圖解 看財務報表解讀經營策略

千賀秀信 著　徐小雅 譯

正確理解經營現場的財報數據，培養可在現場進行經營管理的計數能力

文◎胡均立
（交通大學經營管理研究所教授兼管理學院院長）

基本知識體系與現場數據緊密連結，不可偏廢

在學校裡傳授的正式商學教育經常給人太理論、太數學、太枯燥的印象。雖然商學院的學生經常希望能在課堂上學些時髦的名詞及炫目的管理手法，然而現實中的管理問題仍需要憑藉著基本知識體系、一一動手加以解決。例如：經理人必須具有理解與詮釋財務報表的能力，並發掘這些數字背後的管理意涵。然而，商業運作的現實中充滿了令人眼花撩亂的現象，以及錯綜複雜的交互作用，徒具實務經驗而缺乏基本知識體系的引導，經理人便會迷失在複雜的現實表象中，而無法正確解讀財務報表的意義及提出有效率的行動方案。因此，如何在不失趣味下連結基本知識體系與現場數據，提供學生在實際情境中解決問題的能力，便成為當代商學教育的重大課題。

本書《圖解看財務報表解讀經營策略》的寫作目的，並非只是訓練讀者分析財務報表的能力，而是要進一步地培養讀者經營的直覺感受力，也就是「計數感」。作者千賀秀信開宗明義指出：「能夠理解企業活動與公司財務數據彼此關連的計數感，是身為企業人必須擁有的經營能力。」經營的直覺感受力該如何培養呢？作者認為這樣的經營能力可以藉由計數能力的養成而提升，「理解企業活動與公司財務數據的關係，並且將財務數據靈活運用於企業活動的經營」，經營管理便是基於客觀形勢的主動作為。本書以淺顯易懂的圖解方式，協助讀者藉由正確理解經營現場的數據來掌握客觀形勢，進而選擇並進行有效率的主動作為。在給定相同的現場數據下，說明並比較出具有經營計數感的經理人就可以藉由基本知識體系的應用取得更多資訊，以達到做出更佳的決策、獲得更好的績效。

「現場」是決定經營管理成敗的最終場所

「現場」是本書所強調的場所。因為經理人必須在各個現場、而非實驗室中解決各種問題，他們日復一日地發現問題、解決問題，例如：透過建構經營現場數據、分析財務報表來找出問題所在；再提出行動策略、執行行動方案、衡量執行績效等來一一解決之。現場是決定經營管理成敗的最終場所，任何在高階主管辦公室裡做出的偉大決策，如果禁不起現場作業的考驗，這些決策就只不過是錯誤的猜想。好比哈佛式個案教學，是利用教學個案在課堂中重建現場，以便讓商學院畢業生能夠培養在現場進行經營管理的能力。而培養在現場進行經營管理的計數感與能力，也正是本書所強調的另一個重點。

以圖像增益理解、動手做促進學習成效

早在人類以文字與數字思考之前，人類就已具有以圖像進行思考的能力，這項論點可以由史前人類在洞穴中留下的壁畫得到驗證。近年的商學教科書為了刺激學生的閱讀慾望，加入了大量的彩色圖表與多媒體成分。人類原本就同時具有聲音、圖像、文字、數字等多重思考能力，多重思考能力的發展是上天賜給人類的絕妙禮物。本書將文字及數字為主的財務報表分析以圖像重新詮釋，以刺激讀者的圖像思考，培養讀者的聯想能力，進而讓讀者容易了解培養計數感的方法。

經營管理有科學的成分，也有藝術的成分；有客觀的一面，也有主觀的一面；有理性的一面，也有感性的一面；有現實上的限制，也有理想上的目標。如何在書本上描述多屬性的經營管理呢？我們可以用文字與數字來描述一個蘋果，也可以用圖像來呈現一個蘋果：「原來蘋果長成這樣啊！」傳統的教科書用文字與數字來教導經營管理的原則，而本書更進一步利用圖像、圖表來啟發經營管理的思考：「原來經營管理長成這樣呀！」

而動手做就是增進學習成效的不二法門。建議讀者在閱讀本書時，拿一支書寫流利的筆，在回收紙張上把架構、要點、金句、公式、圖形等做彙整與練習。您將會發現：動手做的感覺真好。接下來，讀者可以利用工作現場的數據，利用本書的內容進行分析，找尋其中的問題及管理意涵。若能成功地將這些現場數據轉化為有意義的企業診斷及相對應的行動方案，您就是位有計數感的經營管理者了。

胡均立

計數感是連結企業活動與財務數據關係的能力

本書的主旨在培養讀者的「**計數感**」。所謂的**計數感是指能夠確切理解企業活動與公司財務數據之間因果關係的能力**，這也是單靠學習財務會計的知識和技能仍無法學習到的「**經營能力**」。

首先，請先用以下十個問題來檢驗一下你的計數感。

你能確實地說明以下這些內容嗎？完全不懂的項目請打×，知道但沒有自信能說明清楚的詞彙請打△。其中，標了△的項目有更進一步學習的必要，因為那表示你可能擁有這項知識，卻尚未能深刻的理解。下列內容都是基本事項，請確實學會。

□ 1. 能夠確切說明為什麼銷貨額急遽成長的公司，有可能會資金不足。
□ 2. 能夠指出兩項以上需要提列折舊的原因。
□ 3. 能夠說明利率與經營活動的關係。
□ 4. 能夠確切說明市價會計對經營會造成什麼影響。
□ 5. 能夠確切說明何謂附加價值。
□ 6. 了解要用哪一種經營指標來檢驗附加價值的高低。
□ 7. 能夠理解經營計畫的成本要如何計算以及提報。
□ 8. 能夠理解企業價值，進而思考提升企業價值的切入點。
□ 9. 理解資金運作與現金流量的不同。
□ 10. 能指出在損益表中看不出來、但卻是經營所必須的費用。

在說明這些事項的同時，有必要一邊回想經營現場的實際情況，一邊進行思考。

舉例來說，想想看在哪些狀態下能夠實際感受到附加價值的提升。附加價值提升的徵兆會透過許多現象顯示出來，例如：

①售價並未調低，但商品卻變得暢銷

②顧客給予的好評變多了
③每位顧客的購買總額（客單價）提高了
④業績獎金增加

而附加價值是否真的提高了，還必須藉由觀察其他財務數據，例如營業利益率、毛利率、總資產報酬率（ROA）等數值是否提升才能得知。

當經營現場的實際情況、與公司財務數據上的實際業績連動，顯示同樣的狀態時，才能說附加價值真的提高了。

接下來再想想看，損益表裡看不到的費用有什麼？損益表裡所謂的推銷費用便是其中一例。促銷商品時產生的費用包括廣告宣傳費、行銷活動時花費的旅費與交通費、展場所需的工資與會場使用費、展出時所需的消耗品等費用。但這些費用並不全被記載為「推銷費用」，有許多會被歸類到其他會計科目當中。因此，單看損益表上的會計科目，並無法得知推銷費用的總額。要掌握總額，就必須確實定義推銷費用的範圍，建立計算費用的機制（包括資訊系統）等等。此外，還有很多其他像推銷費用這種只看損益表上的會計科目，並無法立即掌握實際狀況的公司財務數據。例如，教育訓練費和會議費等費用也是如此，這些費用其實還包含了資料費用、人事費用、會場費用等支出在內。請再想想看還有哪些類似的狀況。

會計部門提供的會計資料，是為了對稅務機關及投資者提出報告所製作的報表，因此不一定能直接成為對經營有用的資訊。本書的目標在於培養讀者對經營活動的計數感，為此，便必須將經營活動與公司財務數據二者結合來進行思考。

對於已具有財務會計與經營分析某種程度概念的讀者，本書就經營的課題整理出應有的計數知識，並進一步延伸指出應該對哪些項目進行哪一種學習（比方說應該了解第三頁的十個問題，答案請參閱二百一十一頁）。此外，為了讓原本不是很了解財務相關知識的讀者也能夠閱讀，本書也採用了平易簡要的說明方式。

計數感是所有企業人必須具備的能力

計數感雖然是企業人不可或缺的能力，但實際上在企業人當中，擁有明確計數感的人似乎並不多。會計報表的範例書籍大量出版與暢銷的現況，便證明了這一點。

這些範例書籍雖然說明了資產負債表與損益表的內容，但幾乎都沒有說明財務報表的內容與經營活動之間的關係，這是由於這些書籍的定位，多半是依循會計和財務的基礎架構，進 行以理論為主的說明，讓讀者理解公司的會計與財務。

對初學者而言，在這種基礎架構下學習是相當重要的一環，甚至應該說這是建議採用的學習方式。在這方面，筆者的另一本著作**《明確理解經營分析的基礎》**（鑽石社）也可做為入門用書，書中透過將經營分析分類為收益性、安全性、成長性、生產性等項目，讓讀者得以了解整體經營分析的體系，進而能夠加以活用。

然而，也常有人問我「還有什麼適合閱讀的好書嗎？」，筆者認為已擁有體系化學習基礎的人，應該繼續往具體的事例研究等應用面向學習。但市面上所見的應用類書籍，有許多內容都突然變難，讓好不容易開始了解會計與財務的讀者因此受到挫折。產生這種現象的原因在於，這些書籍會深入地探討基礎學習書無法詳盡說明的細微枝節之故。

針對這個問題，本書的定位並非「在基礎之後，要深入學習更困難的內容」，而是定位在**「要如何思考，才能在經營現場活用這些會計和財務基礎知識」，從經營的觀點探討基礎的內容，向讀者提出進階型的學習方式。**

例如，對於前文所列的第二個計數感檢測項目「能夠指出兩項以上需要提列折舊的原因」，多數人應該可以了解「提列折舊是將費用分攤在耐用年數期間的各年當中」這個會計上的定義。但如果你更進一步了解到提列折舊是「為了正確計算某一期間的損益，將顯示固定資產價值減少的部分做為當期的折舊費用，在該項固定資產的耐用年數期間之內，因應當期該項固定資產所帶來的收益的同時，亦將費用認列（記載）在損益表上」，可說你在會計的基礎學習上有了相當的進展。

在了解這些定義後，再度遇到「為什麼要提列折舊」這個問題的話，你會怎麼回答呢？

也許有人會驚訝：「什麼？還有其他原因嗎？」在商業管理課程中提出這個問題時，即使是曾經學過一些會計的人，也有不少人會覺得難以回答。由此可知，即使是對會計與財務稍有概念的人，可能並沒有足夠的「能了解企業活動與公司財務數據之間關係的能力」，也就是「計數感」的能力。

在這裡，我給讀者一個提示，它和「進行設備投資時的收支平衡，所指的是什麼？」此一問題的答案有關連性。

舉例來說，進行一億日圓的設備投資時就會有一億日圓的支出，只要是經營者都會思考要如何賺回這一億日圓。設備投資的資金是一種支出的現金流量，它的金額相當於收益與折舊費用的加總。其中，折舊費用是一種沒有現金支出的費用（非資金費用），因此只有收益能製造出現金流量。當收入的現金流量合計達到一億日圓時，也就表示投資於設備的一億日圓支出已全數回收。此外，考量需要多少年才能回收這一億日圓，也就是所謂回收期間的概念也相當重要。

每一期公司會產生相當於折舊費用金額的現金流量，而這筆資金會使用在回收固定資產的設備投資上。因此，對於「為什麼要提列折舊」這個問題，如果能夠把折舊想成是「回收投入於固定資產的資金」，便可顯示出折舊費用的意義。而這種能夠了解資金如何回收的思考方式，正是我們所說的計數感。這已經不是會計層面的問題，而是經營層面的問題了。

本書的重點與閱讀方式

本書在經營分析方面是針對對這門知識的架構已有些許程度的了解，並且想更進一步學習實務的讀者而寫的。因此，書中所舉的例子以符合計數感的情形為主，再以Q&A的方式進行彙總整理。也希望各位讀者能理解本書並非單純地進行經營分析，而是以實務的觀點建立分析的架構。

以下是本書的特徵：

（1）本書分為三個部分，各部分的主旨如下所示：

第一部分是為了讓具有些許財務會計基礎的人能夠產生更大的興趣，而採用提問的方式切入主題。在此，筆者將以平易簡要的說明，整理出在**損益表（P／L）**、**資產負債表（B／S）**、**現金流量表（C／F）**

當中與計數感有關的重點。

第二部分是針對各種**經營現場所需要的計數感**提出問題，將經營現場分類為營業、研發與製造、人事與組織、投資等，分別以該類別中的重要詞彙為主做整理彙總，在這個部分中讀者可以確實了解曾經在會議中聽過、上司或職場前輩曾經提及的內容。

第三部分則是針對**經營計畫中必備的計數感**提出問題。我在這個部分彙集了經營目標和計數感、損益平衡點分析、收益與資金計畫、投資的收支計算等必要的問題。這個部分以管理會計的角度彙整重點，將是諸君邁向計數新領域的契機。

（2）各部分均分成數章，在各章最後另有經營力專欄。經營力專欄以簡明易懂的方式整理出與該章主題相關的企業策略與行銷、人事等經營理論。在經營力專欄中選錄了在計數感的養成上不可或缺的經營理論，願讀者能將它與各章中計數相關主題連結閱讀，成為進一步學習經營理論與計數之間關係的契機。

（3）本書的配置是以左右跨頁呈現一個完整的主題。左頁為解說、右頁為圖表，以便讀者過目即可了解內容，即使不照章節順序閱讀也能夠充分理解。

（4）以粗體字標出要點以及關鍵字詞，讀者只要瀏覽頁面，該頁的重點即可一目了然。

（5）本書選出的重要用語也整理在本書最後的索引表中，便於以關鍵字詞查詢相關文章的頁數。

本書將財務會計、管理會計、經營理論等領域的重點濃縮整理於一冊當中，希望在短時間內能夠培養讀者的實務性計數感。同時具有企業策略與行銷等的敏銳度，以及計數感敏銳度的人，在企業中是相當寶貴的人才，對自行創業者也將有莫大助益。

希望本書能協助各位讀者發揮計數感，開創人生的新時代。

千賀秀信（寫於事務所）

提升經營敏銳度！
明確理解
計數感

	第一部分 掌握計數感的基礎	第二部分 現場管理者可立即運用的計數感	第三部分 學習可運用於事業計畫的計數感
	①經營與計數的關係 ②損益表 ③資產負債表 ④現金流量表	①營業方面 ②研發與製造方面 ③人事部門方面 ④財務投資方面	①全公司觀點 ②活用損益平衡點分析 ③收益與資金計畫
財務報表的結構			
收益性			
安全性			
生產性			
成長性			
現金流量			
綜合評價			

第10章 與損益平衡點分析相關的計數感 —— 損益變動表

第11章 掌握與收益以及資金計畫相關的計數感

第一部分

掌握計數感的基礎

我們可以從財務報表看到什麼？

第1章

經營與計數感的關係為何？

1-1 什麼是計數感？

計數感是指理解企業活動與公司財務數據之間關連性的能力

企業需要具備計數感的人才

能夠理解企業活動與公司財務數據彼此關連的**計數感**，是身為企業人必須擁有的**經營能力**。本節以超市的店長為例，來看看有哪些計數感是身為店長必須具備的。

首先，店長要有觀察各賣場銷售資料、分析賣場現況、指出問題點、擬定改善方案的能力，因此必須依據不同商品做以下的計數分析。

這些分析包括了①銷貨額與結構比、②存貨周轉率、③毛利率、④交叉比率（商品迴轉率×毛利率）等。店長必須要能夠觀察這些數據，進而分析出哪種商品和賣場空間對收益能做出何種程度的貢獻，再將這項分析結果活用於決定賣場空間大小和配置的資料。每一家店都會有各自的資產負債表（B／S），因此店長也必須要有能分析暫時性營運資金不足和現金流量的能力。

此外，店長也需具備擬定收益計畫等預算的能力，也就是①分析所在商圈、②預測銷貨額、③訂定為達成銷售目標的具體活動計畫等能力，擬定預算的過程也包含了考量預期所需經費及資金調度的相關能力。

從上述可知，企業人需具備的計數能力涉及了廣泛的領域，但可總括為：**理解企業活動與公司財務數據的關係，並且能將財務數據靈活應用於企業活動的經營能力**。在以往，這種能力雖然也曾經相當重要，但在公司業績良好的時候卻容易被忽視，推究其原因，是由於在銷貨額與市占率上升時，收益也會隨之增加，這時即使公司出現資金不足的狀況，主要往來銀行也會給予融資的緣故。

然而今非昔比，現在的企業必須培育具備計數感的人才，才能建立能夠自行調度資金的強而有力的組織。

何謂計數感？

企業活動

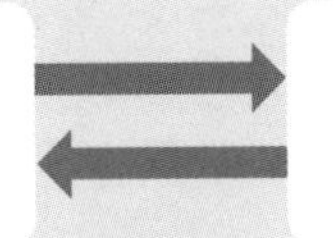

對企業財務數據的影響

能靈活應用此兩者彼此關係的能力即是

計　數　感

超市店長必須具備什麼計數感？

1 分析各賣場的銷售資料

- 分析賣場的現況→指出問題點→提出改善方案
- 銷貨額與其結構比、存貨周轉率、毛利率、交叉比率（商品迴轉率×毛利率）

2 活用資料，將其應用於賣場變更等方面

- 決定賣場空間
- 決定賣場配置

3 擬定預算

- 分析所在商圈
- 考量、設定銷售目標
- 為達成目標的業務計畫（包含所需經費計畫與資金計畫）

1-2 什麼是經營者需具備的計數感？

經營者必須具備四種計數感

必須能夠事先預測將對財務造成的影響及計畫值

經營者需要具備以下四種計數感：

第一，要能夠觀察資產負債表和損益表等的數據變化，從中推測出企業曾經進行過什麼樣的活動。也就是說，經營者必須要能思考收益性、安全性、生產性、成長性等經營指標的變化會對企業活動帶來什麼樣的結果。

當營業收益成長，但經常利益卻減少時，我們可以推測這是由於利息支出增加所致。而當我們更進一步去探討為什麼利息支出會增加時，又常會看到「因勉強銷售導致不良債權的產生→營運資金不足→短期借款增加」這種模式。

第二，要能夠預期管理者等人的決策會對財務報表的哪個部分造成影響。舉例來說，超市的店長要能夠預測，藉由企畫進行的特賣促銷活動會使不同商品的銷貨額出現什麼樣的變化、這種變化會對超市整體毛利率產生多少影響、必要資金的來源會不會有問題等各種決策對財務所造成的影響。

第三，要能夠將分析手法應用於事業計畫，靈活預測各項計畫值。例如當銷貨額成長了10%時合理的存貨是多少；如果進行使總資產達到一百億日圓的設備投資，那麼要使總資產報酬率（ROA，營業收益÷總資產）達到8%，營業收益必須為多少等等。

第四，能夠將計數分析活用於檢驗計畫值是否適當及其實現的可能性。舉例來說，如果同一業界當中的毛利率（銷貨總收益率）在10%左右，那麼要推動使毛利率增加到20%的計畫，通常會有實踐上的困難，因此這個目標值便有可能是異常數值。為了判斷計畫值是否為異常數值，了解財務指標的標準值對於計數分析會有相當大的助益。

經營者需要具備的四種計數感

❶ 能夠從觀察財務數據的變化，**推測出企業活動的內容**

例如：●營業收益減少的理由為何？
●總資產為什麼減少了？
⇨**能夠觀察並推測出數據變化的原因**

❷ 能夠預測出活動、決策的結果，**會對財務報表的哪個部分造成影響**

例如：實施特賣促銷活動。
⇨**能夠推測出不同商品的銷貨額、毛利率的變化**

❸ 能夠活用於事業計畫的**數據預測**

例如：●將銷貨額從200億日圓提高10%，存貨周轉率維持在20次。
⇨**必需存貨為11億日圓（220億日圓÷20次）**
●目標營業利益率8%，總資產100億日圓。
⇨**目標營業收益8億日圓（100億日圓×8%）**

❹ 能夠**檢驗**預期之計畫值的適當性、以及能夠實現的可能性

例如：業界的毛利率為10%，但計畫值的毛利率卻高出一倍達20%。
⇨**能夠想到「可能出現異常數值」**

1-3 哪些是應該設定的經營目標？

市占率、銷貨額、收益、收益率等都是應設定的經營目標

以市占率為目標會有陷入價格競爭的風險

經營目標有**數值目標**和**非數值目標**兩種，數值目標是指收益和銷貨額等，而非數值目標則包括確立品牌、解決環境問題、對地區社會的貢獻、協助充實民眾生活等。接下來，將針對與計數感密切相關的數值目標進行說明。

市占率是經常被使用的數值目標，一般說來，7%的市占率是企業在競爭市場中能否受到注意的分界點；市占率達11%，顯示該企業的存在會對其他企業的行銷活動造成影響；市占率26%則為企業是否成為業界龍頭的大關；要能穩定地增加收益，需要有42%的市占率；而市占率超過74%，便可確立該企業在業界擁有獨占的地位。

然而問題在於，如果把市占率設為唯一的經營目標，無視於外界觀感並且不計收支結果進行營業活動，很可能會有陷入價格競爭的風險，而在這種情況下，最後勝出的往往是具有資金優勢的大型企業。

此外，企業也經常以銷貨額做為數值目標，但這項目標會面臨的是「收益是否會隨之而來」的問題。如果單以銷貨額做為經營上的目標，就會使得強迫推銷、提供回饋金（譯注：回饋金又稱回扣）而讓廠商進過多無用之貨的銷售手法橫行，而有陷入銷售至上主義的危險性。

如果改成單以**收益**做為目標，情況又會如何呢？在這種情況下，企業可能因而產生只要能賺錢什麼都賣的態度，而不去考慮究竟要因應什麼樣的「顧客與需求」，陷入欠缺整體策略的狀態。企業雖然有必要以營業利益率等**收益率**為其目標，然而，光是設定這樣設定仍然不夠充分，因為收益並不必然會帶來現金流量。因此，同時以收益與增加現金存款為經營目標的現金流量經營，對企業而言是有其必要的。

經營目標有兩種意義

經營目標

數值目標

- 市占率
- 銷貨額
- 收益
- 收益率
- 現金流量

非數值目標

- 企業形象
- 社會責任
- 提升品牌價值

應該以什麼做為經營目標？

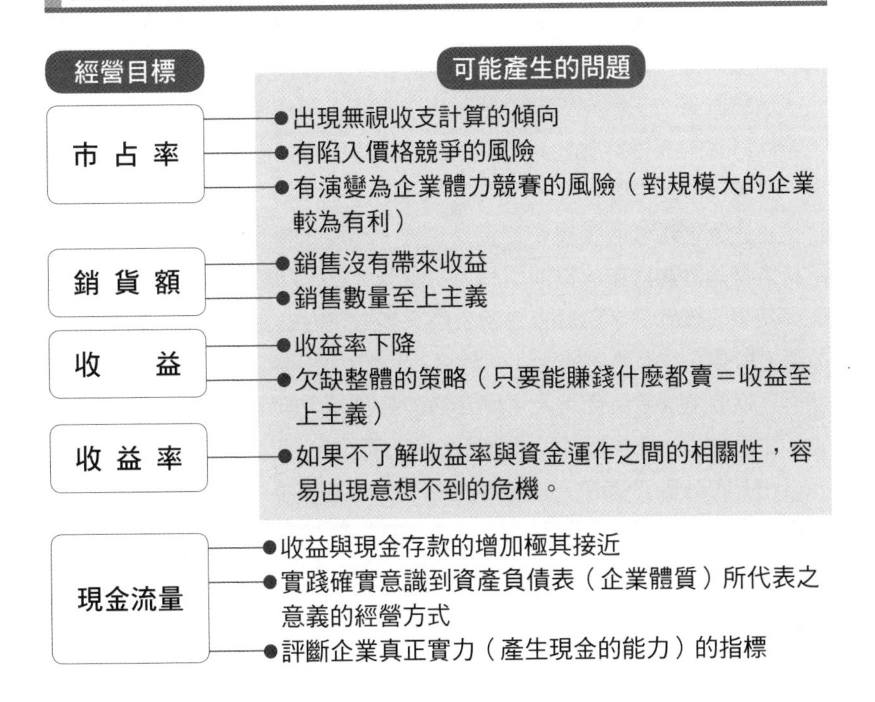

1-4 營運計畫與計數的關係為何？

營運計畫可分類為活動計畫與計數計畫

計數計畫為活動計畫提供資金面支援

在前景不明的時代，企業更需要做好營運計畫（經營計畫），事先擬定發展的方案。雖然也有人認為「反正事情都不會照著計畫發展，所以沒有特地去擬定計畫的必要」，但這種觀念是錯誤的。

擬定經營計畫，是為了給予公司員工工作的動機、向投資者要求出資的協助、從銀行取得融資等而無可避免的重要過程。

營運計畫是由活動計畫、以及提供實際資金支援的計數計畫所構成。活動計畫是為了實現經營目標而擬定，實務上卻常發現只擬定了活動計畫而沒有計數計畫加以配合，使得營運計畫不夠完整。**沒有財務數據基礎的活動計畫就形同畫餅**，在實際執行上會有困難。然而，這裡會出現一個問題，就是事實上大多數的創業者都極不擅長於公司計數。

活動計畫包括公司整體策略、事業策略（競爭策略）、以及為實踐策略而訂定的實行計畫，其中實行計畫會具體擬定出銷售計畫、人事計畫、設備投資計畫等方案。

這些公司活動必定需要資金的支援，而隨活動計畫所擬定的資金運用計畫就是**計數計畫**。以期間長短的畫分來思考計數計畫，會比較容易理解其中的概念，計數計畫包括支應三年期左右的成長方案，即**中期收益資金計畫**，以及做為第一年具體實行計畫的**下期收益資金計畫**。

下期收益資金計畫是為了配合活動計畫，所擬定的具體資金運用計畫，被視為是一種使用於目標管理方面的預算。

在擬定計數計畫時，必需編製擬制性財務報表（譯注：依據對公司未來財務情況的預測所製作的財務報表），包括擬制性損益表、擬制性資產負債表、擬制性現金流量表、擬制性經營分析表等，具體的編製方法將在本書第三部分加以說明。

營運計畫與計數的關連性

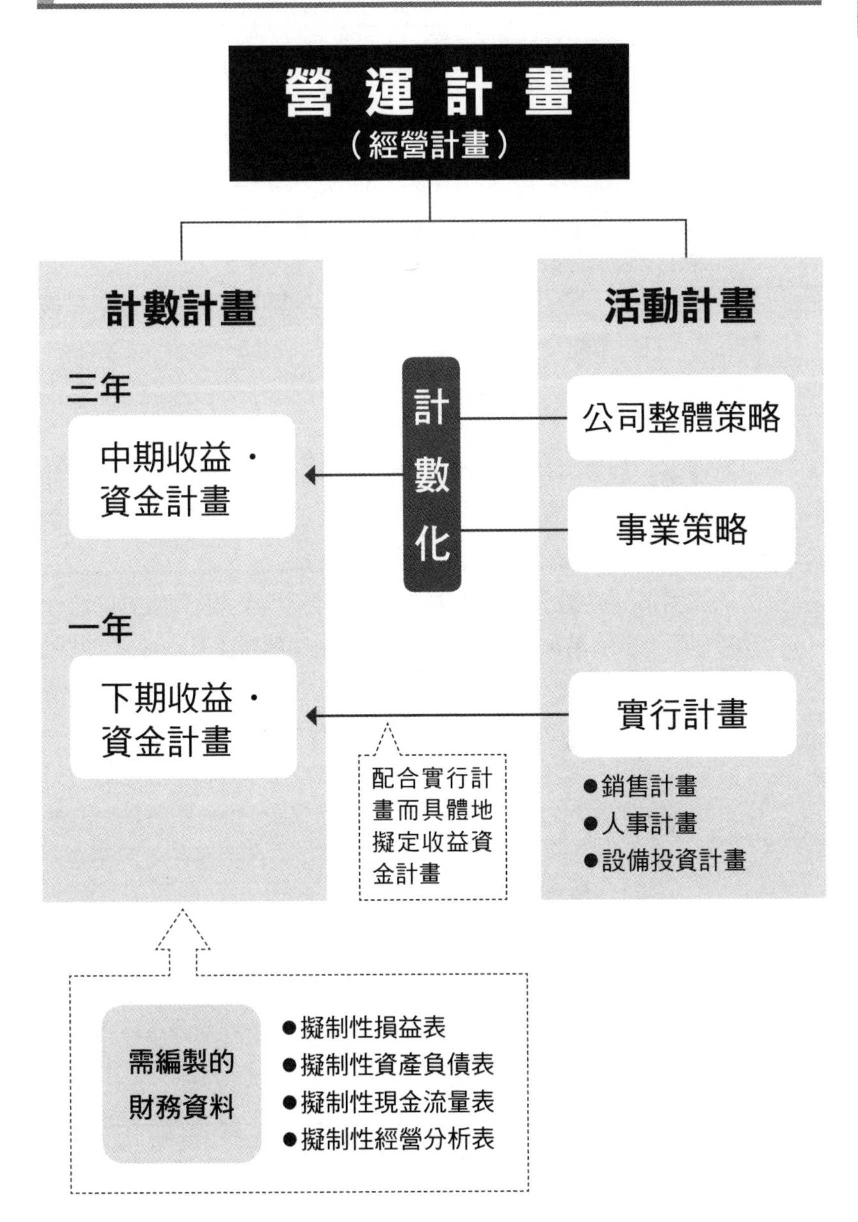

專欄：提升經營力講座①

經營分析與經營策略的關係為何？

經營分析的重點，在於不要只從單一面向來檢視一家公司，換言之也就是不能只靠財務分析來解讀企業的問題，而是必須從多方面觀點來觀察企業。

一般而言，對企業的外在環境與內部環境做詳細的分析是很重要的。在內部環境方面，除了必須釐清人、物、資金、技術為主的**優勢**（Strength）、**劣勢**（Weakness），也必須能夠針對財務方面，進行對資金及物品的相關分析。

此外，在人、技術等方面也必須進行計數以外的分析，例如經營者的資質與思考方式、人才的培育方法、知識技術等，詳加觀察這些不會出現在數據當中的要素是很重要的。

而對於外在環境，則是要能分析業界狀況、顧客狀況、法律規制等等，釐清**事業機會**（Opportunity）與**威脅**（Threat）。我們針對前述的企業內部環境與外在環境進行綜合分析，並取各項分析要素的英文第一個字母，將之合稱為**SWOT分析**。

接著要介紹麥克．波特（譯注：美國管理學者）教授的五力分析，這是在業界相當知名的分析方法。 這項分析方法的重點在於認為產業的收益性，主要是受到五項競爭要素的力量強度所左右。以下針對這五項競爭要素做說明：

①潛在競爭者：一般而言，潛在競爭者難以加入的產業通常能獲取高收益。例如需要高額設備投資的電信業界，由於對於潛在競爭者而言進入門檻較高，以往都能夠維持高收益（然而因法規鬆綁與網際網路的出現，使得潛在競爭者相繼投入市場，收益性也跟著降低）。

②替代品：替代品的出現也會對收益性造成威脅。以往ISDN領導數位通訊的市場，但現在主流已轉往ADSL與光纖的寬頻通訊，這使得

ISDN的收益大幅滑落。另外，新幹線交通網的擴大對航空公司造成威脅；外食產業則因連鎖漢堡店、便利商店、外帶便當、平價複合式餐廳等外帶市場，使替代品競爭不斷擴大，也都屬這一類型的例子。

③賣家（供應商）：供應商的議價能力也會對收益性造成影響。電力和天然氣業界由於法規嚴謹，使用者不具有價格決定權，收益性因而提升。然而最近法規逐漸鬆綁，天然氣公司與電力公司意圖進入對方市場的動作頻繁，而影響到其在價格決定上的優勢。此外，在採行轉售價格維持制度（譯注：由產品的生產者或供給者決定給消費者的末端售價，批發商、零售商在銷售過程當中不得折價販售。日本的書報雜誌銷售，基本上採行此一制度）的報業當中，報社是產品的供給者，因此可說是一個供給者權力相當強大的業界。

④買家（顧客）：顧客的議價能力同樣會對收益性帶來相當大的影響。在家電業界、食品業界、汽車業界，顧客擁有極大的議價力量，由於低價競爭的白熱化，使得這些業界收益性均隨之下降，因而轉向藉由加強服務等方式來提升收益率。

⑤同業競爭者：同業之間競爭關係的強弱，也會對收益性造成影響，在超市和家電量販店等常見的低價保證促銷方案就是典型的例子。在低價保證之下，只要顧客來店出示其他店家低價的廣告或收據，店家就用更為低廉或同樣的價格將同一產品賣給該顧客。然而，這種服務多半會限制適用期間、或者是與其他店家賣場之間的距離等條件，而增加了顧客對店家的不信任感，最後的結果可能導致收益性更為降低，而陷入惡性循環當中。

企業必須進行前述的業界分析，藉以決定發展的方向（即訂定經營的策略）。而我們可以透過收益性、安全性等計數分析，來檢驗經營策略的成功與否，並藉此培養敏銳的計數感。

五力分析（五項競爭要素分析）

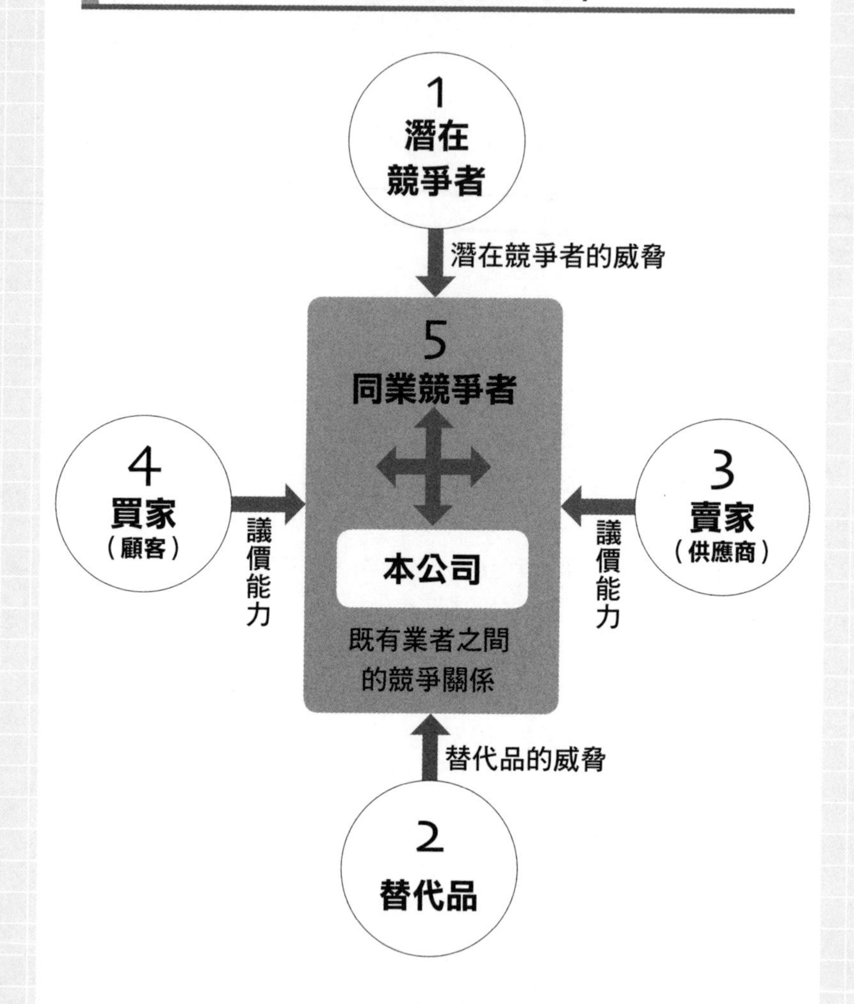

重點 五種競爭要素的強弱關係會左右業界的收益性（營業利益率、總資產報酬率〔ROA〕等）。收益性的指標會隨著相關的背景要素發生變化，這正是五力分析所提出的重要觀點，例如因潛在競爭者的加入造成營業利益率惡化等。

第2章

掌握損益表與計數感的關係

2-1 你能確實理解銷貨額的內容嗎？

必須能區別總銷貨額與淨銷貨額

折價與退貨要從總銷貨額中扣除

讓我們來想一想，對於銷貨額，需要注意的相關重點有哪些。銷貨額是指來自於公司章程中記載之公司本業的相關收益，在此之外的利息收入等金融收益，則被認列為營業外收益；而固定資產等的出售獲利則會被認列在非常損益科目中以做為區別。

因此，當食品超市將帳面價格2,000萬日圓的土地以2,500萬日圓出售，產生500萬日圓的收益時，應該要認列在財務報表的哪裡呢？在這種情況下，這筆收益會認列在非常損益科目。但同樣的土地出售行動若由不動產公司來進行的話，則會以銷貨額2,500萬日圓、銷貨成本2,000萬日圓、總營業收益500萬日圓的形式來認列，這是由於不動產公司是以買賣土地為其本業的緣故。

另外，也要注意**折價與退貨**的問題。總銷貨額會扣除折價與退貨，所以只依銷貨數量與總銷貨額來管理銷售，會看不到折價與退貨所帶來的影響，結果常會造成**淨銷貨額**（總銷貨額－折讓與退貨）的減少而壓迫到收益。

此外，要支付給廠商的**回饋金**，也是在觀察銷貨額時所必須注意的部分。公司支付給廠商的回饋金，在會計上稱為**銷售回扣**，會在總銷貨額中扣除掉；但是當該筆款項帶有促銷費用的性質時，也有被當成銷售費用處理的例子，稱為**銷售獎勵金**或**銷售贊助金**等。

而對於收取回饋金的一方來說，原則上會將回饋金視為**進貨額的減項**，但是在實務上也有將其視為營業外收益的例子。在這種情況下，即使營業收益惡化，由於公司收到回饋金，所以也會使經常利益增加，在分析銷貨額時必須要留意這一點。

銷貨額的結構

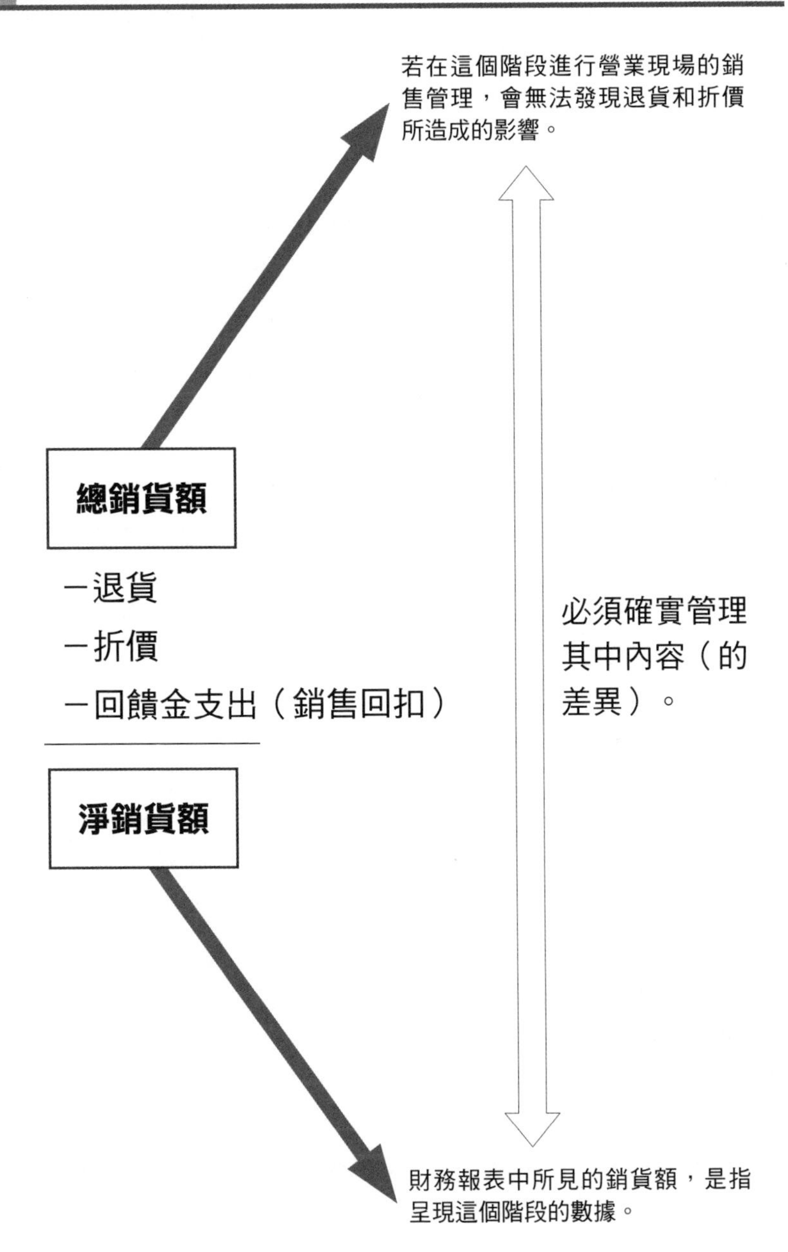
若在這個階段進行營業現場的銷售管理，會無法發現退貨和折價所造成的影響。
總銷貨額
－退貨
－折價
－回饋金支出（銷售回扣）
淨銷貨額
必須確實管理其中內容（的差異）。
財務報表中所見的銷貨額，是指呈現這個階段的數據。

2-2 如何解讀銷貨成本的變化？

銷貨成本的變化除了進貨成本的增加外尚有其他原因

要確認存貨損失是否未包含在銷貨成本當中

當**銷貨成本率（銷貨成本÷銷貨額）**有所增減時，你可以推測出會造成此變化的原因是什麼嗎？以下舉零售業（平均值：銷貨成本率70%）的例子來思考看看（參見右圖）。

假設月初商品存貨為1,000、當月進貨額為4,000，在當月底調查存貨餘額時，以進貨成本計算出的剩餘存貨為800，那麼，依據這些資訊計算出的銷貨成本就是1,000＋4,000－800＝4,200。

此時，如果銷貨額為5,600，那麼銷貨成本率即為75%（4,200÷5,600），這個數值較業界平均高出了五個百分點，表示當中可能有異常。調查其中原因，會發現部分商品（成本為200）有損傷，而這些商品已經被丟棄的情形。如右圖所示，廢棄商品的成本200包含在當月的銷貨成本4,200當中，因此實際上被銷售出去的商品成本是4,200－200＝4,000。

以實際銷售出去的商品所計算出的銷貨成本率則為71.4%（4,000÷5,600），這個數值較接近零售業的平均銷貨成本率70%。換句話說，廢棄商品的成本200不應被列入銷貨成本，應該明確地將其分開看成**廢棄損失**，如此一來，也會發現到公司應有處理廢棄損失的對策。

如果不確實做好存貨損失的管理，存貨中已廢棄的部分便會被算進銷貨成本當中，使銷貨成本率上升。而公司即使掌握到銷貨成本上升的這項事實，如果不去查明其中原因並擬定因應對策採取行動，損失只會更為增加。請了解銷貨成本率會如此上升，並不只是由於進貨成本增加所使然，也可能是因為銷貨成本中包含了廢棄存貨成本的緣故。

此外，在製造業和餐飲業，也會出現因為材料費增加導致製造成本增加，連帶影響產品的銷貨成本提高。

銷貨成本增加的主因

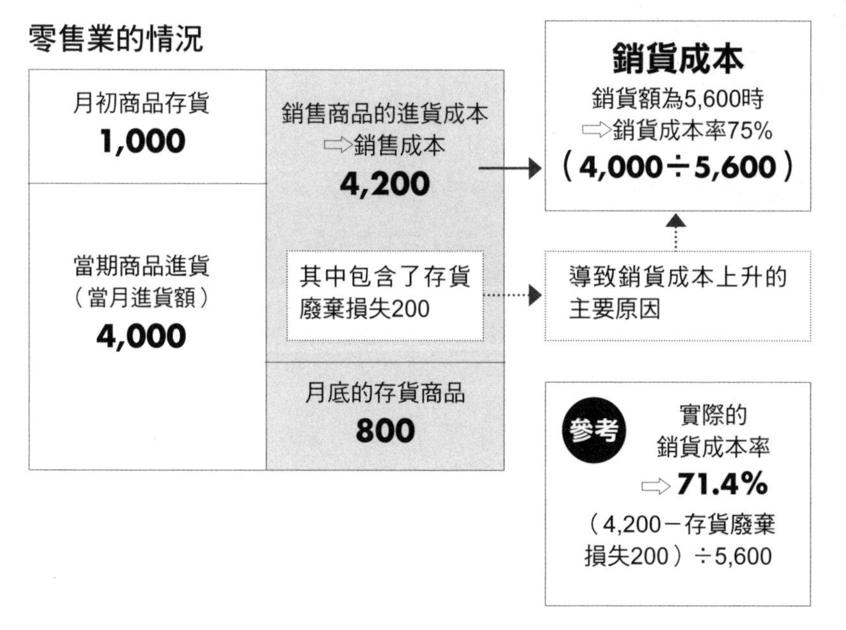
零售業的情況
月初商品存貨
1,000
當期商品進貨
（當月進貨額）
4,000
銷售商品的進貨成本
⇨銷售成本
4,200
其中包含了存貨
廢棄損失200
月底的存貨商品
800
銷貨成本
銷貨額為5,600時
⇨銷貨成本率75%
（4,000÷5,600）
導致銷貨成本上升的
主要原因
參考
實際的
銷貨成本率
⇨71.4%
（4,200－存貨廢棄
損失200）÷5,600

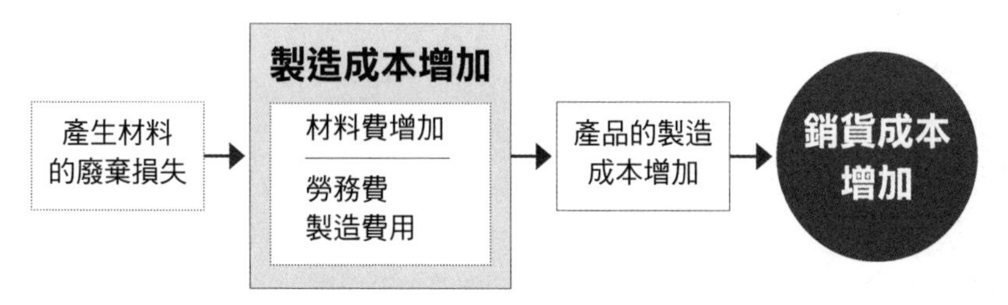
製造業的情況
產生材料
的廢棄損失
製造成本增加
材料費增加
勞務費
製造費用
產品的製造
成本增加
銷貨成本
增加

2-3 為什麼總銷貨收益率（毛利率）會依業種而有所不同？

思考不同業種的總銷貨收益率的特徵

自行負擔風險可獲得高毛利率

依據業種的不同，總銷貨收益率（**毛利率**）也會呈現不同的特徵。以**營建業**為例，其中綜合工程業的毛利率約為16%，而相對於綜合工程業的低毛利，木工工程業、塗裝工程業等不同類型的工程業，毛利率則可高達20%。綜合工程業之所以為低毛利率的原因之一，在於此類型的事業傾向於將工程發包給下游包商，使得外包費用所占的比例提高，銷貨成本也隨之增加。

批發業也有低毛利率的傾向，而為了提高毛利率，業者必須加強推出新商品等能力。**零售業**的毛利率大約為30%，其中服飾等零售業的毛利率在40%左右，相對於此，食品飲料零售業約為28%。銷售食品、飲料這兩類產品的綜合超市，毛利率雖然接近上述的28%的平均值，但依據其銷售之商品結構的不同，仍會出現個別差異。大型綜合超市與大型百貨公司的平均銷貨總收益率約為28%，其毛利率之所以出乎意料地低，應是受到其銷售之商品結構屬於綜合型產業型態的影響所致。

而與前述各個業種相較，從製造到販賣由同一公司一貫經營的**製造型零售業（SPA）**，可說是毛利率較高的業種。這種事業型態，表面上看來是省去銷售當中無用的過程，靈敏地反映顧客需求，減少折價等損失，而能夠達成超過40%的毛利率。但實際上，由公司本身承擔退貨風險、陳廢風險等，才是這個業種能獲得高毛利率的真正理由。而一般的零售業由於採取容許退貨等這些不承擔風險的經營方式，提高了進貨成本，也因此會有低毛利率的傾向。

一般而言，在各產業中**服務業**的毛利率較高，其中美容業的毛利率約為84%，外包的軟體研發業約為47%，顯示即使都是服務業，在不同業界之間仍會存有差異。

觀察不同業種的特徵　TKC經營指標

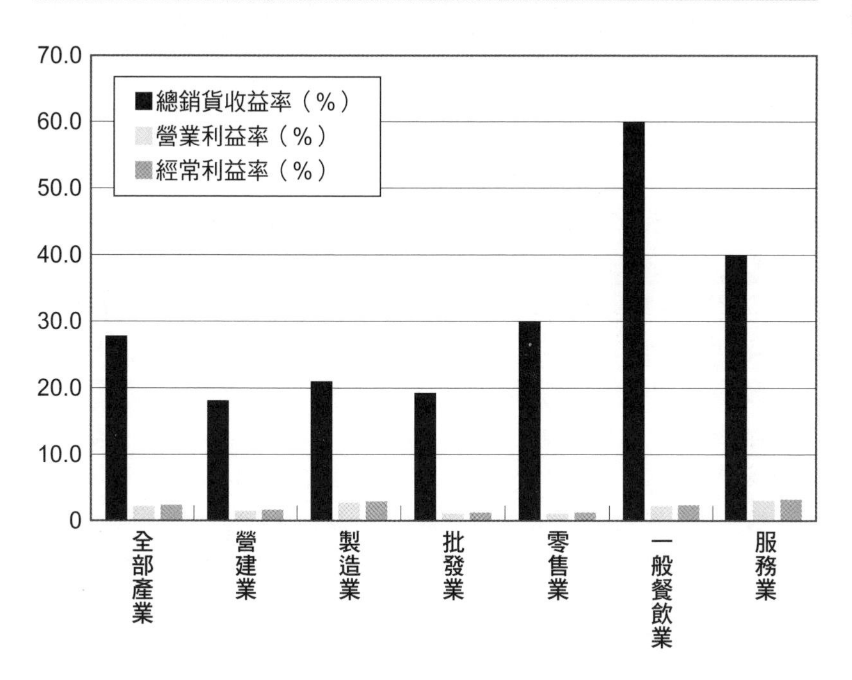

營建業的收益率　TKC經營指標

綜合工程業	
總銷貨收益率	**15.7%**
營業利益率	**2.0%**
經常利益率	**2.2%**

不同職種的工程業	
總銷貨收益率	**20.0%**
營業利益率	**2.6%**
經常利益率	**2.6%**

（編按：2007 年指標版，其他業種的收益率請參見 P203 卷末資料）

2-4 收支（現金流量）與損益有什麼不同？

資金和資產淨值的動向是不同的

收支是資金的增減，損益則表示資產淨值的增減

收支（現金流量）是以收入減支出的計算方式求得的數字，而**損益**則是以收益減費用求得的數字。要了解這兩者的差異，必須先理解收入與收益、支出與費用的差別。

收入是指流入公司的現金等資金，相反地，支出是指資金從公司流出。相對於此，**收益**是損益表上的科目，指的是銷貨額等營業收益、利息收入等營業外收益、出售土地利益等的非常損益。

費用則是指銷售成本、銷售費用與一般管理費（銷管費用）、利息支出等營業外費用、出售土地損失等非常損失。銷貨額是收益科目中的代表，即使並未實際收到金錢（未產生收入），一旦交付了商品等物件，就會被視為收益認列在損益表上。費用的認列也和收益相同，即使並未支付金錢（未產生支出），一旦完成購買，就會認列在損益表上，其結果就會造成現金流量與損益不同（有時間差）的情況。接著便以具體的例子來加以說明。

現在，我們以現金買進價值800的商品，然後將這些商品以1,200的價格銷售，收取900的現金貨款，另外300則於事後再請款。此時，收益1,200減費用（銷貨成本）800，損益為正400。但在表現在現金流量的收支上則應記為現金收入900減現金支出800，為正100。由此可知，收支與損益不一致是一般常見的情形。

此外，透過觀察收支、損益與資產負債表的關係，也可以了解到收支與損益二者的不同。當損益為正400時，表示資產淨值（編按：即股東權益、業主權益，一般亦稱為「淨值」）增加了400；但當收支為正100時，則是表示現金與銀行存款僅增加了100，可見**損益會影響資產負債表中資產淨值的增減，而收支則會影響資產負債表中現金等資金的增加**，請務必了解損益與收支在資產負債表中呈現出的動向是不同的。

損益計算、現金流量與資產負債表的關係

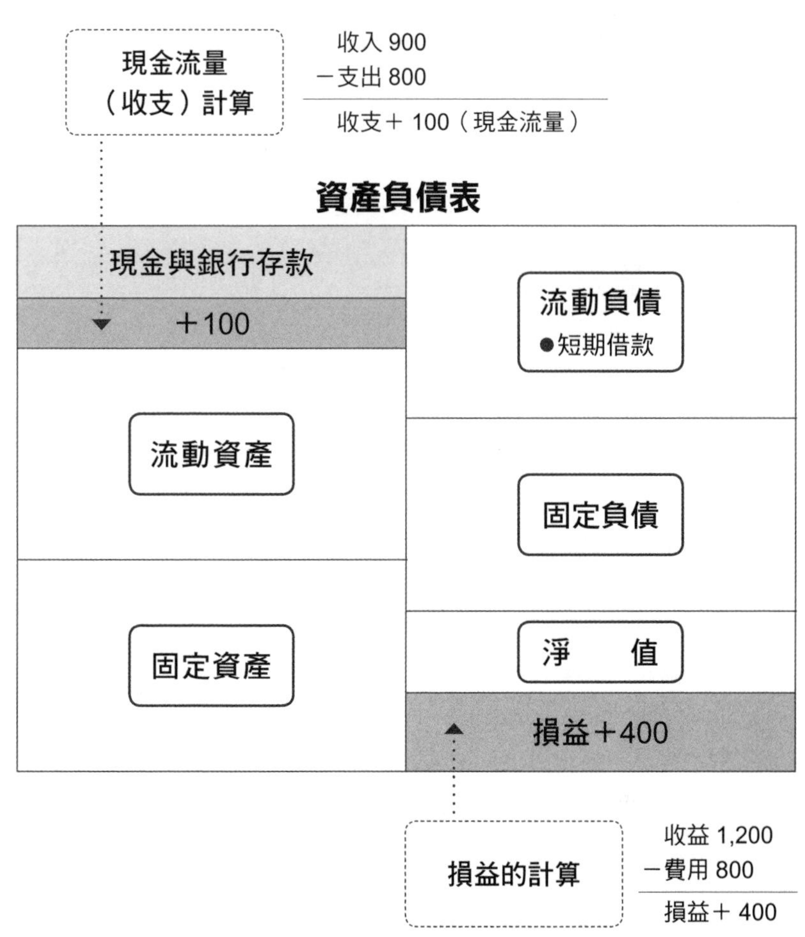

注：以無配息為前提

Point

雖然損益為正值（出現收益），但收入（現金流入）卻未立即增加，形成了尚未收回的應收帳款，這樣的狀況實際上不在少數。若是應收帳款收回的速度慢，收益和現金流入的時間差會變得更顯著。在這種情況下，業者手頭上可支配的資金（現金與銀行存款）並不會和損益表上的收益同時增加。

2-5 提升附加價值的方法有哪些？（其一）

欲提升附加價值必須先了解附加價值的意義

附加價值有扣除法和加總法兩種計算方式

所謂的附加價值是指「由企業產出的價值」，其中最具代表性的即是收益。然而，企業只要增加收益就好嗎？可以不去提升收益的動力，也就是從業人員的薪資和獎金嗎？在思考這個問題之前，先來想想看什麼是附加價值。

計算附加價值的方法，有扣除法和加總法兩種方式。**扣除法**是從銷貨額當中扣除掉非附加價值的部分，得出的金額便是附加價值。在扣除法的方法之下，我們將**銷貨額視為市場所認定的價值，是包含了附加價值在內的商品、服務的價值總額**。請在這個前提下參考以下的說明。

把市場認定的價值、也就是銷貨額，扣除掉外包費用、材料進貨成本、半成品進貨成本等外部企業所生產的價值，剩餘的金額就是公司本身所生產出的附加價值，這個數值也被稱為**加工額**。由於外包費用和進貨成本屬於變動費用，因此加工額也算是一種**邊際利益**（銷貨成本－變動費用）（參見P168、P176）。

加總法則是在附加價值當中，加上已支付出去的項目，以求得附加價值總額的方式。這些已支付的項目包括**人事費用、土地房屋租金、折舊費用、稅金、利息支出、稅後淨利**，均為從總附加價值當中分配出來的項目，因此我們只要合計這些項目，便可求算附加價值，而此項數值也稱為**毛附加價值**。

人事費用是支付給與產品生產相關員工的金額，即附加價值中經由產品生產有關的人力加工所增添的價值部分（稱之為所得）；土地房屋租金是產品生產過程中，因必須支付給屋主的租金所增添的價值部分；利息是因必須支付給金融機關利息所增添的價值部分；稅後淨利是因為股東透過配息等方式必須取得的金額所增添的價值部分；折舊費用則意味著投資的回收（是指支付生產的投資金額所增添的價值部分），將這些支付對象的各項目所增添的價值合計之後得到的數值，即為毛附加價值。

扣除法的附加價值（即加工額與邊際利益）

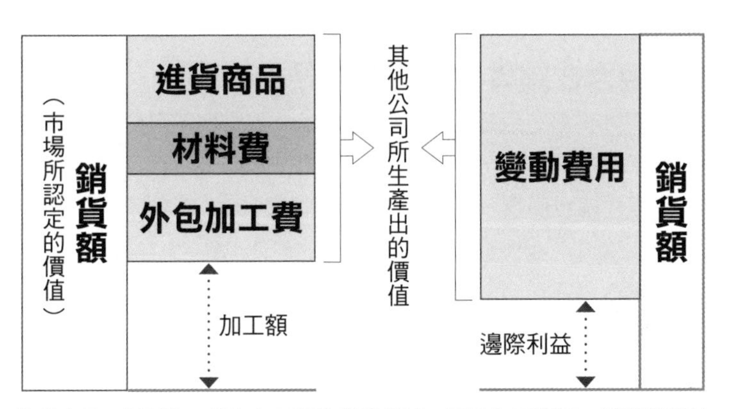

注：進貨商品、材料費、外包加工費為變動費用，因此加工額是一種邊際利益。然而，對變動費用內容的認定會決定邊際利益的大小，故兩者並不完全相同。

加總法的附加價值（毛附加價值）

毛附加價值		創造毛附加價值的**對象**
	人事費用800	從業員工
	土地房屋租金200	屋主、地主
	折舊費用400	投資的資金回收
	稅金100	國家、自治體
	利息支出100	金融機關
	稅後淨利100	股東

Point

一般而言以扣除法的計算方式，會得出較大的數值。

2-6 提升附加價值的方法有哪些？（其二）

欲提升附加價值必須從構成附加價值的項目思考

應增加包含在銷貨額中的附加價值總額

經常聽到「提升附加價值」這句標語，但這決不只意味著提高收益而已。為了讓讀者能認知到這一點，先前已說明了附加價值的概念與計算方式，現在讓我們進一步思考「提升附加價值」的真正意義。

請回想構成加總法附加價值（毛附加價值）的項目，其中包括了人事費用、土地房屋租金、折舊費用、稅金、利息支出、稅後淨利。由此可知，如果這些項目的數值增加，附加價值自然也會隨之上升。

然而，當企業的業績惡化時，往往會降低員工的薪資與獎金，藉由出售生產設備及降低設備投資來減少折舊費用，此外，進行財務重建時，其中一環便是償還金融機構的借款，以減少利息支出。

但是這麼一來，結果卻是造成企業出現附加價值降低的傾向。這是由於，當人事費用等費用被縮減時，就算**稅後淨利增加，整體的附加價值卻不會因而提升**。

實際上，只有使附加價值總額提升，才能提高前一節所提到的分配在構成附加價值的各個項目上的金額。而像減少人事費用等項目的費用這種增加收益的小手段，只能使附加價值中較大的比例被分配在稅後淨利上，並無法解決「增加整體的附加價值」這個課題。因此，重要的是應該要有能提升附加價值總額的對策。

而為提高附加價值，企業要從開拓新市場、研發新產品與服務等策略性的方法著手，使顧客認同並購買該企業的商品與服務，以增加銷貨額的方式，使銷貨額中的附加價值總額提高，這才是經營上真正應該掌握的要點。

增加毛附加價值的總額

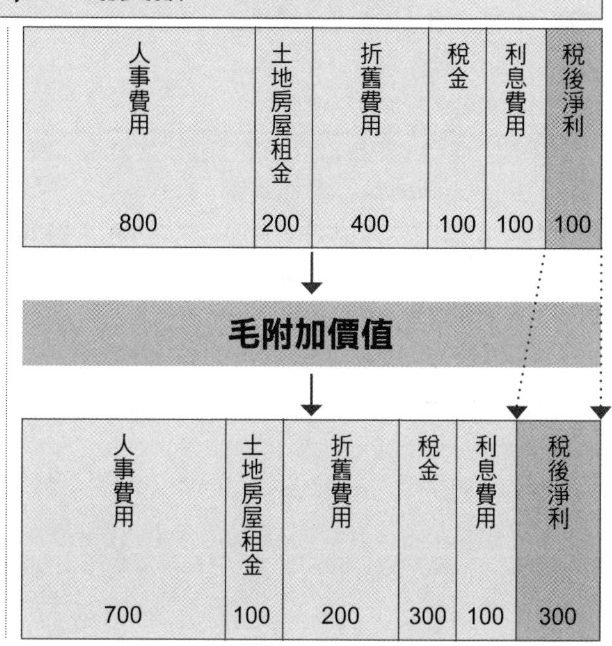

Point

❶即使收益增加，但附加價值卻沒增加的情形所在多有。
❷附加價值的大小是由市場決定。

2-7 哪些資訊在損益表上看不到？

個別部門的損益、研發費用、會議費用等詳細內容都無法從損益表上得知

將物流費依不同型態與機能，重新另行合計並有效管理

如果從「活用於經營面」的觀點來看，損益表有再加一道手續另行合計的必要性。讓我們舉幾個例子來看看。

①針對不同顧客別、地區別、營業所別、商品別等進行各部門的損益評估時，應該將原本以全公司層級的損益計算，轉換為合計各營業所損益、各商品損益等**各部門損益表**的型態。在重新合計各部門之個別損益時，要思考如何設定各部門範圍並加以管理，整合資訊系統以統整個別部門之資料。

②研究開發型企業需要清楚掌握**研發費用**並加以分析，但我們在一般的損益表上卻看不到這項數據。要掌握研發費用必須從其他會計資料當中取得與研發有關的材料費、勞務費、製造費用這些個別的成本項目，再經過加總計算才能得知。

舉例來說，將研發人員的薪資、獎金，合計成研發費用中的勞務費；而研發用的機器與設施的租金、租賃費用，合計為研發費用中的直接經費。另外值得一提的是，醫藥品製造業往往會提撥銷貨額10%以上的金額做為研發費用。

③**物流費**經常被當成降低費用的有效手段而備受注意。然而，損益表中的物流費包含了配送費用、包裝費用，也會將與物流費相關的人事費用等都合計在其中。我們會為了經營上的需要，依據型態（材料費、勞務費、製造費用）、機能（運輸、倉儲、流通加工、物流管理等）的不同重新進行個別合計，藉以對物流費進行有效的管理。

④我們在日常中較常看到的例子則是**會議費用**。提到會議費用，會讓人聯想到會場費（譯注：多半是指場地租金與清潔費等）與資料費，但若從經營管理的層面來思考，也必須考慮到與會人員耗費在會議上的時間所形成的人事費用。在考慮到人事費用的前提下思考會議費用，公司應

該就不會希望耗費太多時間在會議上。這種計數感，在進行經營管理時是相當重要的。

因應經營管理的目的而重新合計

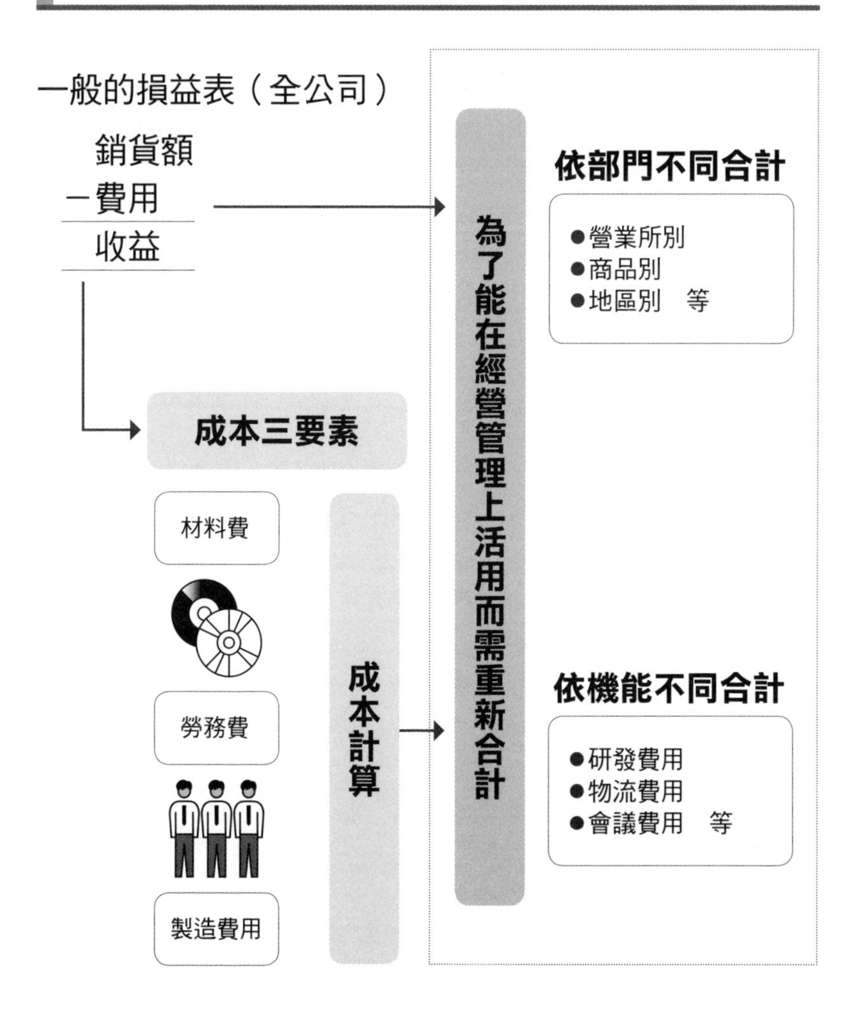

Point

為取得在經營管理上有用的資訊，必須另下工夫將會計資料重新合計。

2-8 縮減費用的重點以及產生的效果為何？

從銷貨額的各項構成比例來思考費用支出的重點

找出無效的費用，徹底進行預算管理

讓我們一邊回想損益表，一邊思考在縮減費用時應注意的重點及其效果。首先，損益表的費用科目中被稱為**3K費**的**廣告費**、**交際費**、**交通費**（譯注：此三項費用的日語發音均以K開頭，故合稱3K費。以下5K費亦同），一直是縮減費用時的重點項目。此外再加上**水電瓦斯費**和**薪資獎金**，合稱為**5Ｋ費**，就成了在縮減費用時要注意的五大要項。以往，人事費用被視為不可變更的領域而且只會逐漸攀升，但隨著公司內部組織改革的進行，如何縮減動輒占去營業費用一半的人事費用就成了重要的課題。

為了再更進一步縮減費用，找出**無效的費用**，並在此前提下做**徹底的預算管理**，是一項有效的手段。然而，若不**改革每一位員工的觀念**，縮減費用也只會是個口號而無法產生具體成效，最後往往無疾而終。再者，當意圖藉由降價來提升銷售時，隨著銷售費用、外包費用等費用的增加，也常出現無法提高收益的情況。

損益表中與銷貨額相對應的損益項目，觀察其結構比例將可顯示出減少費用後的效果。例如，銷貨額200億日圓、營業利益率為5%，營業收益為10億日圓的製造業，人事費用占銷貨額的25%，就是50億日圓。我們假設公司在此做減少員工數量等內部改革，如果這項行動可減少10%的人事費用，那麼以金額來看，便可省去50億日圓×10%＝5億日圓的費用，然而這5億日圓代表什麼呢？它意謂著在銷貨額不變的情況下，營業利益率將提升至7.5%（15億日圓÷200億日圓）。但在原先營業利益率為5%時，如果公司要賺取5億日圓的營業收益，就必須增加100億日圓（5億日圓÷5%）的銷貨額。由此可以了解到，**縮減費用效果**非常之大。多數企業之所以縮減各項費用，原因多半在於這種方法具有增加銷售的策略所無法達成的效果。

進行縮減費用時的要點

◎主要應減少的費用項目 ➡

5K費

3K費：
廣告費、交際費、交通費

水電瓦斯費、薪資獎金

◎提高減少費用的實效應留意的三項重點 ➡

- 找出無效的費用
- 徹底進行預算管理
- 改革每一位員工的觀念

◎縮減費用的效果分析 ➡

減少50億日圓人事費用的10%
（5億日圓）

5億日圓÷5%（營業利益率）
＝相當於增加100億日圓的銷貨額

讓毛利減少的因素有哪些？

商品售價會因各種因素而產生變動。完全依照原本的定價來販售的比例（即所謂**正價消化率**）會隨著時間的流逝跟著降低，但如果能提高正價消化率，就能提高總銷貨收益率（毛利率），公司的收益能力也會隨之上升。因此，對於淘汰迅速的電腦和時裝等這類商品而言，要如何在不折價的情況下以原本的定價銷售出大部分的商品，會對收益能力帶來相當大的影響。

例如在成衣業界會建立供應鏈，同時與原料製造商及縫紉業者合作，共享從預測市場需求到生產、銷售，乃至存貨資料等資訊，以致力於集中生產熱銷商品與縮短交貨期間。這種方式有助於提升正價消化率，並且能使其收益能力有所改善。

然而我們會發現在實務上，企業多半會基於各種理由而降低售價，連帶使毛利率也跟著降低。那麼，究竟是**基於什麼原因要降低售價呢**？讓我們來看看以下的幾種原因：

第一點是**進貨疏失**。過剩的進貨將會造成商品的剩餘，之所以如此，是因為初期怕存貨不夠而無法銷售（**銷售機會損失**），以致最後反而持有太多銷售不出去的存貨。相反地，若過度在意不要持有存貨，即使有顧客進到店裡，也可能出現沒有存貨可賣的情形，而損失銷售機會使得銷貨額無法提升。其他還有進貨時期錯誤、製造商延遲交貨等，因為存貨賣不出去，導致必須以降價的方式來處理存貨。

第二點是**價格設定錯誤**。以追求高附加價值為目標的企業，為了解決銷貨額不佳的問題而不得不降價求售就屬於這種例子。像是高級飯店為了爭取婚禮需求的市場，而不得不削價競爭；原本設定為高級分售型住宅（譯注：由營建業者統一購買、開發土地，興建建築後再一戶一戶分別出售的住宅，有大樓及複數的獨棟住宅形成社區等各種形態）等級的房價，卻由於不合乎顧客的需求而大幅降價等，皆為此類例子。以房價這個例子來看，房價之所以高漲，原因之一在於業者依據成本總額來設定房價，也就是以加總土地價格、建築物價格及業者所要求的收益的方式來訂定價格。然而如同前面所提到的，業者必須降低房價以求售，這也顯示即便是高單價的住宅，也面臨了必須考慮消費者需求與購買能力，因而有必要引進由**消費者主導價格**的制度，這個例子正說明了價格設定的重要性。

第三點是**銷售策略錯誤**。因無法掌握目標顧客群而導致存貨過剩，結果只能降價求售；或者因販售時的陳列和展示方式缺失而賣不出去，最後只好以降價出售的方式處分存貨，均屬於銷售策略錯誤的例子。

第四點是**策略性降價**。包含藉由特賣活動處分存貨，以及因為市場的價格競爭激烈化而使得削價競爭變成常態等。舉例來說，家電量販店的削價競爭已是眾所皆知。此外，速食業界經常以更改價格的方式來相互競爭，結果卻造成商品形象惡化，銷售成績隨之下滑，這也是很容易想得到的案例。

此外，還有與降價類似的**折價**銷售。所謂折價是指在與顧客進行個別交涉時，特別降低商品的價格，這種手法需要仰賴銷售人員的臨機應變。如果業務人員的銷售能力弱，也會出現被迫讓步而給予優惠折扣的狀況。此外，給予股東優待折扣，以及提供經常往來客戶折扣，也屬於折價銷售的一種。前面所提到的降價，會造成總銷貨額本身的減少，而折價的處理方式則是以總銷貨額減折價求出淨銷貨額，因此折價會影響淨銷貨額並使之減少。然而，降價與折價兩者同樣會造成毛利率的下降。

折價的部分通常會顯示在會計資料當中，但降價的部分並不會出現在會計資料內，因此，企業應另有一套在做降價銷售時特別進行記錄的系統，才有助於反映銷售的實況。

此外，使毛利率減少的原因還包括**存貨損失**。這裡面包含製造現場的原材料損失、遭竊所造成的損失、因產品毀損和品質不佳所造成的報廢損失等各種情形。詳情請參考第三十二頁的〈2-2如何解讀銷貨成本的變化？〉

第3章

了解資產負債表與計數感的關係

3-1 你能確實理解資產負債表的內容嗎？

從資金調度與資金運用來理解資產負債表

資產負債表可以看出資金調度與運用的平衡關係

資產負債表呈現了在某個固定時間點資產、負債和資產淨值（含業主權益）的狀況。負債和資產淨值顯示**資金來源**，由於這些資金會投入到現金與銀行存款、存貨、固定資產等各資產項目上，這也正是為什麼會説資產負債表中的資產能顯示出資金運用的情形。而資產負債表的資產項目，通常會以能否容易轉換成現金的流動程度來排序（**流動排列法**）。

資產負債表的負債項目原則上是依據該項負債的清償期限是否在一年以內，分為流動負債與固定負債兩類。由於公司舉債時必須考慮到償還的問題，因此將以清償期限短的流動負債方式調度來的資金，使用於容易變現的流動資產上，可説是較為安全的做法。**流動比率**（流動資產÷流動負債）之所以被認為有必要控制在150%左右，也是因為一般認為，做為償債資金的流動資產，應該要大於流動負債才是較佳的財務狀況。

此外，**固定比率**（固定資產÷業主權益）之所以應低於100%為佳，則是考量到買進固定資產會使該筆資金流動性降低，因此應使用不需償還的業主權益做為購置固定資產的資金。從以上的説明可知，觀察各項數據中顯示出的資金來源與資金運用之間的平衡關係，是閱讀資產負債表時的一大訣竅。

那麼，**資產所扮演的角色**又是什麼呢？所謂資產，即是為了產出收益的器具。設備和機器等資產如果未被使用，便不會產生收益，所以也就幾乎沒有資產價值可言。而**減損會計**即是針對這種無法對收益做出貢獻的固定資產，在資產負債表中進行減值的處理。廢棄損失和商品價值重估損失，也是將對收益沒有貢獻的資產從資產負債表中去除後所產生的結果。由於並非所有的資產都一定會對收益有貢獻，而多持有資產相對地也會提高產生損失的可能性，因此，企業有必要實行**不持有的經營**，找出降低資產變成損失之風險的因應對策，委外和企業間的事業合作等，即屬這一類的因應對策。（參見P66、P67）

思考資金來源與運用的關係

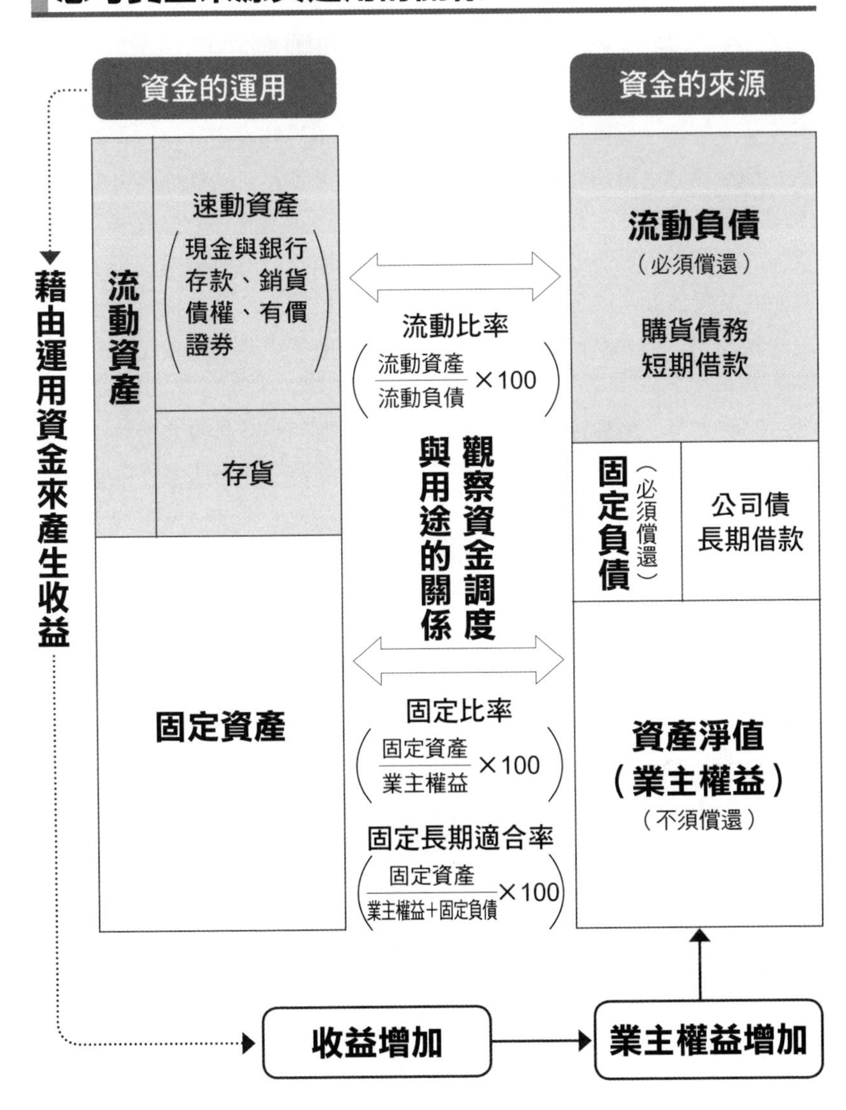

3-2 你能從資金運用的觀點將資產區分為兩種嗎？

資產可分類為貨幣性資產與費用性資產

貨幣性資產是指可做為支付手段的資產

從如何運用資產的觀點來分類，可將資產區分為貨幣性資產與費用性資產兩種。**貨幣性資產**是指可做為支付手段的資產，現金與銀行存款、銷貨債權（譯注：包括應收帳款、應收票據等）、以買賣為目的的有價證券等速動資產、以及有價證券投資（資產負債表上的投資與其他資產），都屬於這類型的資產。這些貨幣性資產因為容易轉換成現金，具有便於償還借款、購買固定資產等特徵。貨幣性資產是依據該項資產未來的收入額，也就是**可回收金額**來評估其價值，並將其呈現（認列）在資產負債表上。

舉例來說，由於往來對象破產等情況，導致部分銷貨債權無法回收時，會在扣除掉無法回收的部分後，將剩餘的銷貨債權金額認列在資產負債表上。無法回收的部分，包含確定無法回收的金額，及預期將無法回收的金額這兩部分，前者會以**壞帳損失**，後者則以**備抵壞帳**的形態認列在損益表上。

此外，以買賣為目的的有價證券則會以出售後可回收的現金金額，認列在資產負債表上。其價值上升或減少部分的金額，會以有價證券運用損益的形式認列在損益表上。

費用性資產相當於存貨、有形固定資產、無形固定資產。買進資產時，會以**買進時的支出額**，即**取得價額**視為該項資產的價值認列於資產負債表中。此後，每期會將該項資產對本期收益所做出貢獻的部分視為費用，認列於損益表中。

舉例來說，存貨的處理方式是將對本期收益有貢獻的已售出部分視為銷貨成本，以後要販售的部分視為存貨（譯注：本期所耗用之經濟利益或服務當中，能為公司帶來收益部分的成本，會被視為本期的費用；未耗用的部分如存貨，則會在期末資產負債表上列為資產）。而有形固定資產，則是將經使用後價值減少的部分視為折舊費用，未使用的部分則視為資產。

如果設備的利用價值急遽減少，則會採用不同於折舊費用的方式，來減少固定資產在資產負債表的帳面價額，這種方式就是認列**減損損失**。

以運用觀點所做的分類

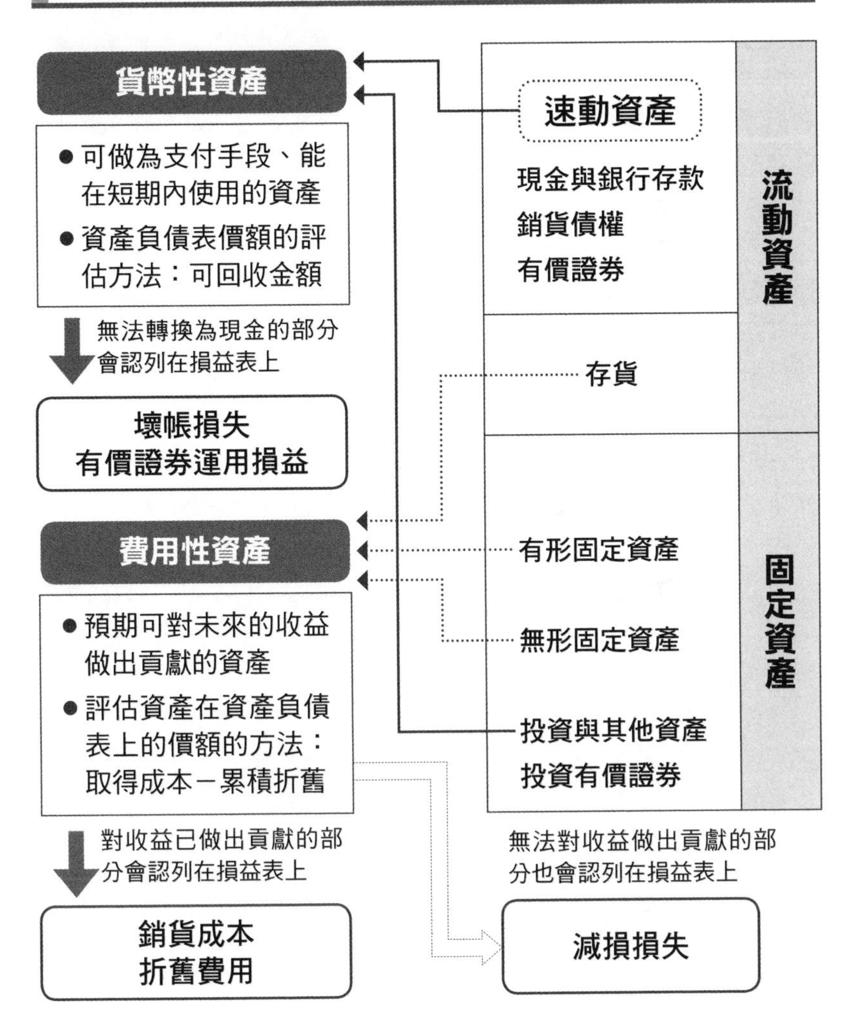

3-3 決定資產市價的方法為何？

依據資產不同，決定市價的方式也有所差異

決定市價的方式有淨變現價值、重置成本等方法

在評估資產價值時，向來是以資產的買進金額來評估其價值。這種以**成本原則**為基礎的思考方式，是以往會計方法的主軸。但相對於此，**市價原則**逐漸成為現今評估資產價值的主流，因此有必要了解「如何決定資產的市價」。決定資產市價的方法，依據資產的種類、性質及評估時所使用之財務資料的編製目的等不同，而有各種差異。

一提到市價，一般都會直接聯想到資產的出售價格，這個價格也稱為**淨變現價值**（出售金額—處分資產的費用）。採用這種方式的代表例子是，對於以買賣為目的有價證券，會以其賣出時的金額，即出售價格來評估其價值。前文中已說明過的貨幣性資產在進行市價評估時，便適用於這個方法。

此外，評估資產市價時，也有採取若重新購置該項資產的話，將需要多少金額，也就是**重置成本**的思考方式。試想，弄壞別人的東西而得賠償的時候，我們會以賠償當時的市價買進同樣的東西賠給對方，這個價格就是**重置成本**。重置成本除了常用在評估期末商品與材料的價值上，也常用來評估因贈與而得到的資產價值（決定該項資產認列於資產負債表上的金額時）。

另外，還有企業進行併購時所採行的市價法。市價法的概念是從資產的運用情形預估今後所能獲得的現金流量總額，並將這個總額視為資產的市價（企業價值）。但在計算**現金流量總額**時，並不是單純地合計帳面金額，而是以**現值**（將未來可能的現金流量折算成現在價值後的金額）來思考的方式為主流。這種方法也被應用在評估不良債權，以及減損會計之下的固定資產。

決定資產市價的方法

市價的種類		決定方法		例子
成本	歷史成本	過去的支出	在買進資產時所支付的支出（包含運費等附加費用）	●原則上是資產評估的基準
市價	重置成本	現在的支出	假設要重新買進相同資產時，所必須支出的金額	●存貨 ●受贈資產
	淨變現價值	現在的收入	假設現在出售資產的話會得到的收入（＝出售金額－處分費用）	●存貨、有價證券等
	使用價值 公平價值	未來收入的現值	運用該項資產後，未來可能得到的收入之現值[注]	●評估企業價值 ●在減損會計下評估固定資產 ●評估不良債權

注：假設有一項事業用資產，預期它所帶來的收入是第一年＝100萬、第二年＝100萬（利率2%）。

可以推想這項事業用資產的價值（市價＝現值）為：

❶第一年100÷（1.02）＝98.0

❷第二年100÷$(1.02)^2$＝96.1

則❶＋❷＝194.1萬

3-4 市價會計會對經營造成什麼影響？

經營方法因為以市價入帳的會計作業而產生改變

市價會計會揭示出企業的真實樣貌

以市價來評估資產等的價值，藉以分析公司經營狀態的會計方法，稱為**市價會計**。相對於此，以過去的買進價格為基準來評估資產價值的會計方法則稱為**成本會計**。市價會計是近年的發展趨勢，因此也讓我們思考看看市價會計會對經營造成什麼影響。

在評估以買賣為目的的有價證券（流動資產）及其他有價證券（投資其他資產）時，會採用市價會計的方法。特別是交叉持股（其他有價證券）的市價評估對經營所帶來影響更是無庸置疑的。所謂交叉持股，是指企業之間相互持有對方股權。直到九〇年代末期之前，日本企業在長期採行主要往來銀行制的背景下，銀行與一般企業之間都會進行交叉持股。

然而，由於市價會計的引進，使得銀行難持有股票，而持續出現出售交叉持股的傾向。其結果造成**企業系列**（譯注：以有力企業為中心，結合成有長期合作關係且相互依存度高的企業集團）與**主要往來銀行制**的瓦解，企業必須開始尋求新的交易關係與銀行以外的資金來源（譯注：主要往來銀行制是指企業將主要往來之金融機構集中於某一主要銀行，並藉由交叉持股的方式維持密切的往來關係）。

此外，依據成本會計的方法，企業可以獲取股票等有價證券價格上漲的利益（**潛在利益**），企業可以利用持有的有價證券，在營業收益減少時將之賣出，透過取得股票出售利益的方式提高當期淨利。然而在市價會計之下，便無法再使用這種手法。另外，退休金會計處理可說是一種負債的市價會計，而以這種方法重新計算退休金時，會使許多企業應支付的金額（**應計退休金**）增加。

如上所示，市價會計是要明確呈現出企業現在的資產、負債的實際狀況，藉此揭示企業的真實樣貌。如此一來，其結果將使投資人檢視企業營運表現的標準更為嚴格。因此經營者在重視投資人的同時，在促使企業成長的目的下構築新的商業模式也就變得更加重要。

市價會計對經營造成的影響

引進市價會計的背景

- 企業活動的全球化
- 外國投資者積極投入本國市場
- 資產價值增減的變化劇烈
- 環境變化速度加快

▼

以市價來觀察企業經營狀況的必要性提高
（市價會計）

▼

銀行、一般企業加速出售交叉持股

⇩

- 主要往來銀行制的崩解
- 企業集團的崩解與重新建構

▼

- 企業有必要從銀行以外的來源調度資金
- 跨出企業系列的連結模式，建立新的交易關係

▼

- 投資人對企業進行嚴格的檢視
- 經營者必須迅速主控經營、建構新商業模式

▼

轉型為重視投資人的經營方式

3-5 累積準備金的意義是什麼？

累積準備金是為了積存部分的收益

事先將可能發生的費用認列在損益表上

常看到「已為退休金設立了準備金」的説法，但你了解其中所指的意思嗎？所謂設立準備金，是指「把像退休金這種未來有可能需要做為費用支出的金額，事先當成費用認列在損益表上」。以下即舉例來説明。

當公司裡有退休人員時，公司會依據規定支付退休金，所支付的退休金（例如工作十五年，可領取450萬日圓的退休金）會被當做費用認列在損益表上。但是這450萬日圓並不全是實際支出當年的花費，而是從過去工作期間內每年所產生的支付義務金額逐漸累積而來的，也就是説450萬日圓分攤在過去15年的工作期間，每年分別提列30萬日圓（450萬日圓÷15年＝每年30萬日圓），最後在退休時將總計的450萬日圓支付給該名退休人員。這麼一來就能了解，每年要各認列30萬日圓的費用，才是退休金正確的處理方式。

在會計作業上，認列為費用的金額會計入**應計退休金**（屬於負債）的項目上。藉由這種處理方式，把公司預期未來將會支付的退休金，分散在工作的各期間當中認列費用。但由於只是事先提列應計退休金，並非在認列期間每年要實際支付退休金，因此，報表中認列為該費用的金額仍然留在公司裡。

這裡再舉另一個例子。如果設備將來有維修必要的話，在設備使用期間內，每一年也都應該事先預估可能的維修金額，並在損益表中認列為維修費用，以事先積存部分的收益，為將來的維修所需的支出預做準備。在已被使用的期間內，被使用的各期只認列當期所使用的維修費用，這樣的認列方式能讓各期間皆能有正確的損益計算。以**備抵維修費用**形式累積下來的金額則是認列在資產負債表的負債部分，之所以如此，是因為準備金乃是未來將會支付的款項，具有負債性質的緣故。

（譯注：亦有一說認為備抵維修費用應列為資產之減項，而非負債）

綜合前述的內容，可以了解累積準備金的意義**在會計方面，是為了預估並認列每期所產生的費用；在資金方面，則是要事先積存部分收益以確保未來所需資金無虞**。

①累積準備金等同於積存部分的收益

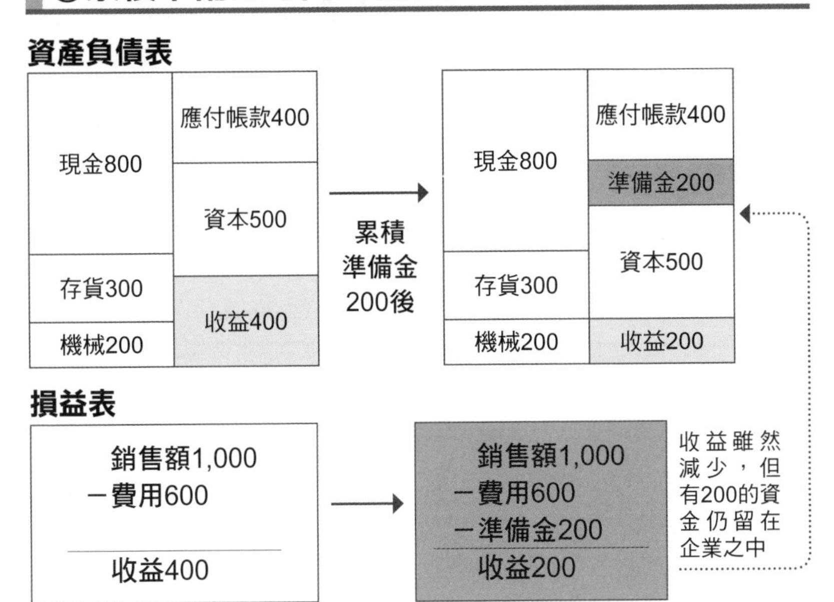

②累積準備金採取分攤費用的方式認列

在每期產生30萬日圓的退休金支付義務的情況下

工作年數	1年	2年	3年		15年
認列為退休金費用	30萬	30萬	30萬		30萬
應計退休金	30萬	60萬	90萬		450萬
支付退休金	—	—	—		450萬

3-6 進行設備投資時必須注意哪些問題？

先理解折舊此一會計科目的意義再進行設備投資

折舊是用來彰顯回收投資資金的手段

投資設備時必須具備的計數感是什麼呢？使用於設備投資的資金，會以每期認列**折舊費用的方式，將費用分攤到整個耐用年數期間內**，這是在理解折舊的意義時必須掌握的首要概念。如同前文曾經提過的促銷費用（參見P30），我們同樣必須把折舊費用當做是為了創造未來的收益而被使用的費用。

舉例來說，以1,200萬日圓買進的機械設備（耐用年數六年、殘值為零、採直線折舊法），每年會產生200萬日圓（1,200萬日圓÷6年）的折舊費用。如果扣除其他費用以及這200萬日圓的折舊費用後仍得出收益的話，就可推測這200萬日圓的折舊費用對於該期收益是有貢獻的。

此外，必須注意計算折舊費用時採用的耐用年數。這裡所指的耐用年數，並不是法定耐用年數，而是以設備實際被使用的耐用年數來衡量。如果實際上只用了四年，但因為法定耐用年數是六年而以六年的年數來分攤折舊費用的話，會使每年的折舊費用認列金額偏低，導致計算出的收益較實際情形為高。

其次，必須了解**投資設備的資金是必須回收的**。請注意，並沒有一項名為折舊費用的現金支出。如果某家公司的收益狀況是：現金銷貨額1億日圓－現金支出費用9,500萬日圓－折舊費用200萬日圓＝收益300萬日圓，那實際上現金增加的金額，就會是收益300萬日圓與折舊費用200萬日圓的合計500萬日圓。這300萬日圓的收益會被使用於配息等處分收益的活動方面，至於雖認列為折舊費用、但實際沒有現金支出的這200萬日圓，則會被當成是回收購買設備的資金而存在公司帳面上。公司在耐用年數內將設備每年所帶來的收益，持續將現金累積在公司帳面上，六年後就會累積1,200萬日圓的現金，也就回收了買進該項機械設備的資金。

由此可知，提列**折舊便是一種回收投資資金的手段**。而所回收的資金，會與公司在營業活動中所賺得的資金，共同成為新投資活動的財源。

進行設備投資時必須思考的問題

公司購置1,200萬日圓的機械設備（耐用年數6年、殘值為零），並將此機械設備運用於事業時，所要採用的兩種評估觀點

		第1年	第2年	第3年	第4年	第5年	第6年
損益表	現金銷貨收入	10,000	10,200	10,300	10,400	10,300	10,000
	現金支出費用	9,500	9,600	9,700	9,700	9,750	9,700
	①折舊費用（參見POINT❶）	200	200	200	200	200	200
	②收益	300	400	400	500	350	100
	現金流量 ①＋②	500	600	600	700	550	300
（參見POINT❷）	③累計折舊（①的累計額）（公司內部累積的現金金額）	200	400	600	800	1,000	1,200
1,200萬	④資產負債表中的機械設備金額	1,000	800	600	400	200	0

現金收支（現金流量）

Point

❶即機械設備的買進價格1,200萬日圓，會以每年200萬日圓的折舊費用的形式，將費用分攤在設備的使用期間中，使公司得以正確計算出當期的期間損益。

❷每年回收相當於折舊費用的200萬日圓，六年累積下來即可回收機械設備的買進價格1,200萬日圓。

3-7 什麼是減損會計？

減損會計是指當投資於資產的資金無法回收時，對其帳面價格進行減價處理

固定資產價值上升時並不會進行任何處理

近年來，以不動產為首的固定資產價格大幅下滑，但資產負債表中的資產價格（帳面價格）並未適當地傳達出這項訊息，以致出現了財務報表所揭示的價格是否過高的疑問，也因此引進了國際會計準則中所採用的減損會計制度。持有許多固定資產的不動產、流通、製造業等行業，都必須注意這個問題。

減損會計，是針對資產進行減價處理的會計方法。當企業因業績惡化等問題而使得投資的資金無法回收時，就必須把該項事業所使用的資產帳面價格，依據一定的條件減價至可回收的金額。一般而言，企業會藉由折舊的方式來降低固定資產的帳面價格，但當固定資產的價格下降幅度有超過折舊的可能性時，對這項固定資產便需要做減損會計處理（譯注：減損會計處理的對象包括有形資產、可辨認無形資產、採權益法處理之長期股權投資等）。

具體來說，減損會計是依照下列的程序進行：

首先，①判斷資產是否有**減損的徵兆**。例如出現資產等的市場價值下降、營業現金流量持續呈負數等狀況時，可判斷為資產有減損的可能性。②當資產有減損的可能性（減損的徵兆）時，就要先行估算各項資產或資產群組未來可能產生的現金流量（折算現值前）有多少。如果未來可能產生的現金流量，少於該項資產在資產負債表上的帳面價格，便要接著以③的方式進行嚴謹的計算。③即是以**資產的淨變現價值**、**使用價值**（將未來可能產生的現金流量折算現值）兩者當中，較高的金額做為可回收金額，並將固定資產的帳面價格減至**可回收金額**。帳面價格和可回收金額之間的差額則視為**減損損失**，認列於**非常損失**（譯注：台灣傾向將資產的減損損失認列於「營業外損益」項目，不屬於非常損益）。④經減損處理後的固定資產，會依據已扣除減損損失後的帳面價格進行折舊。

要注意的是，減損會計作業在資產的價值上升時並不會做任何處理，因此它並不是市價會計，而是屬於成本會計。

減損會計的程序

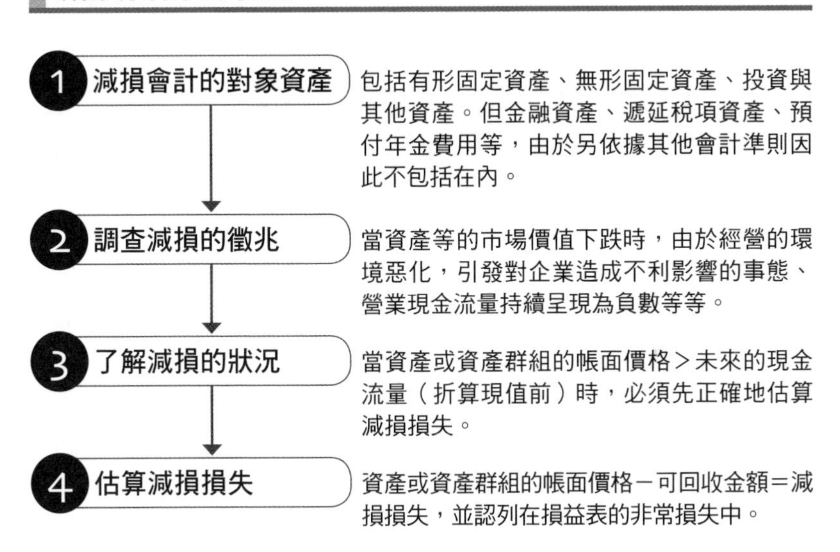

減損損失的估算

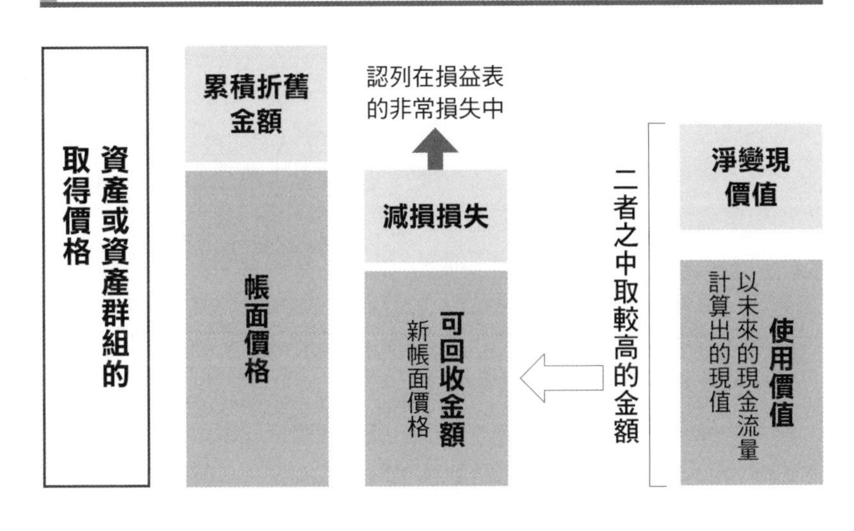

3-8 資產淨值（股東權益）增加一定是好的嗎？

重要的是保留盈餘的金額增加與否

保留盈餘沒有增加的企業是危險的

資產淨值（股東權益）是不需要償還的資金，而負債則是必須償還的資金。然而，不需償還的股東權益增加不一定是好的，這是為什麼呢？

股東權益的內容包括股東所投入的資金（**資本**與**資本公積**），以及運用這些資本所得到的成果，也就是**保留盈餘**。保留盈餘是以當期的淨利支付對股東的配息後，所剩下的累積收益額，因此可將它想成是從顧客那裡得來的資金。

當企業的業績惡化時保留盈餘會減少，其結果將造成股東權益的減少，使得**自有資本比率**（譯注：亦稱資本適足率，計算方法為〔自有資本淨額÷風險性資產總額〕×100%）等安全性指標也隨之惡化。一旦可用資金不足，就會使企業需要以借款來取得營業活動所需的資金，如此一來企業的財務安全性又會更加惡化。

如上述的情形所示，只要企業的業績沒有回升以提高收益，所產生的現金流量便會減少，那麼對企業而言，償還借款就會成為一項負擔。

最後，企業會採行的財務政策是向銀行要求取消借款，即**債務免除**（減少負債），並要求債權對象與銀行等成為該企業的新出資者（增加資本），以做為增加股東權益的因應對策。結果會是股東權益增加了，財務的安全性也因此恢復到較安全的狀態。

然而，這種方法卻有下列的問題。企業藉由增資使其資本額增加，也使得可用資金增加，但保留盈餘仍然偏少。對企業而言，使保留盈餘在股東權益中占較大的比例，才是良好的財務狀態，這是由於，保留盈餘才是企業受到顧客支持所獲得的成果。

至於提高企業的資本與資本公積，則經常做為問題企業的援助措施（國家投入資金），然而，透過這種援助雖然能讓該企業的資本與資本公積增加，但企業本身如果沒有增加未來保留盈餘的策略，那增加的股東權益也不過是勉強延長企業生命的手段而已。

資產淨值（股東權益）高不一定就好，重點在於內容

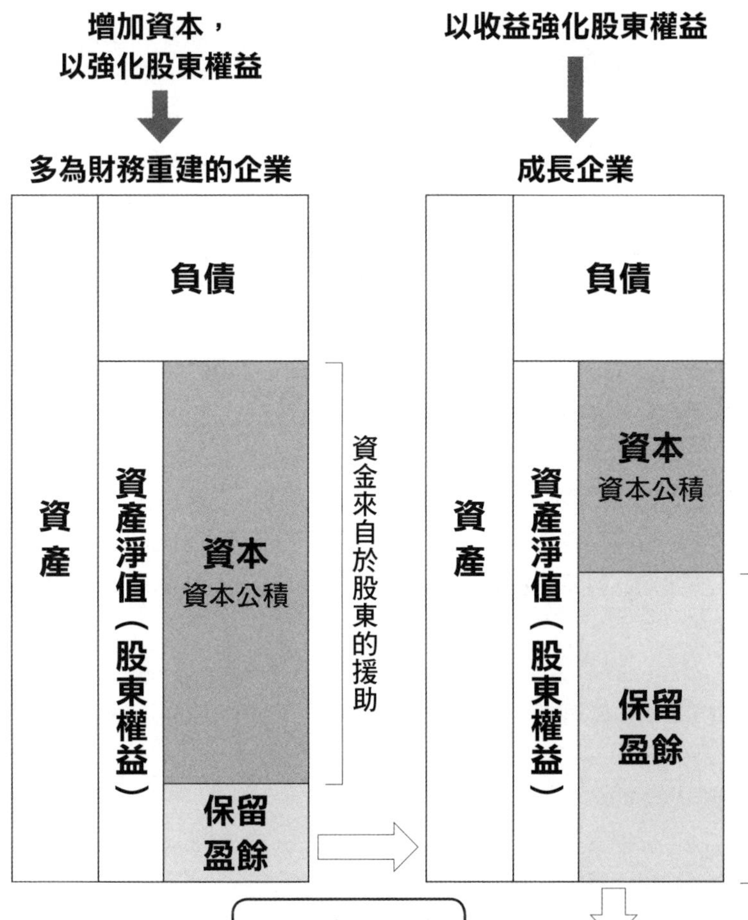

「不持有的經營」是避免損失的手段

所謂**不持有的經營**，是指以不擁有資產等的方式推展經營。資產是賺取收益的原動力，而**資產**如果在賺取收益上有所貢獻時，就會被視為該期的費用。舉例來說，存貨一旦被販賣就會以「銷貨成本」的科目認列為費用，現金因為使用在廣告費、接待交際費和交通費等銷售費用與一般管理費上，因而被認列為費用。固定資產則是會被以「折舊費用」的費用科目，表現出該項資產對提高收益的貢獻。如上所示，便可以將「**持有資產**」的意義，想成是為產生未來收益所做的投資。

然而，就算是持有資產，未來就一定能產生收益嗎？答案是否定的。舉例來說，即使擁有工廠並生產出某種產品，倘若該產品滯銷，同樣也會造成損失。在這種情況下，工廠這項資產所產生的折舊費用，就無法對收益產生貢獻。

此外，如超市進了賣不出去的商品而將之報廢，便表示進貨時投入於該商品的資金無法對收益產生貢獻。在這種狀況下所產生的折舊費用和商品廢棄損失，很明顯是因投資失敗，造成投入其中的資金變為損失。因此，**損失**應該被視為**無法對收益做出貢獻的資金**。

順此脈絡思考下來，便能看出「不持有經營」的意義所在。換句話說，**持有資產便是在承擔未來若無法帶來收益貢獻時的損失風險**，這樣的風險稱為資產風險。因為在環境變化快速、市場需求亦多樣化的現在，只仰賴現有的經營資源將難以因應變化的可能性上升，使得資產無法對收益做出貢獻而成為認列在損益表中的損失的風險也變高了。

從這個角度來看，**不持有資產的經營**所代表的意義，便在於它是一種**可用以避免損失的手段**。

接著舉出幾個不持有經營的例子。有許多製造商為了提高在企畫與設計階段產生的附加價值，會將這些生產階段專門化，在自己不持有生產設備的狀態下外包給製造商加工、組裝等等，這也就是所謂的不擁有工廠的經營。其結果衍生出只接受委託生產的專門受託製造商的商業模式。對專門的製造商來說，持有資產的風險雖然提高，但他們能夠跨企業承接訂單而增加生產量，使工廠的運轉率提高，因而能夠避免掉持有資產的風險。

而在流通業，雖然可藉由減少存貨來避免存貨風險，但這種做法卻同時會有損失銷售機會的可能性。因此，業界正擴大嘗試使製造商與流通業共享資訊，建立供應鏈，將流通過程中所需的存貨量壓到最底限。

反過來說，也有在承擔存貨風險的前提之下，由公司獨力進行產品企畫、製造、銷售，進而獲得成功的零售業。因為承擔這些風險也會帶給公司經營上的緊張感，如果讓這種緊張感發揮破釜沈舟的加成效用，將可得到較一般情況下更大的收益。這正是此種經營方法的魅力所在，但倘若失敗的話，則會產生龐大的赤字。

最後，要思考的是**雇用**（持有）**人力**的問題。在會計上並未將人力視為資產，但支付薪資等時卻會產生人事費用。因此必須要有人事費用即是對人的投資額的認知，若公司裡有對收益沒有貢獻的人員，在無法立即更換人員的狀況下，所支付出的薪資（現金）等即會被認為是種損失。因此，活用兼職員工和派遣人員以調節工作忙季及淡季不同的人力需求，以及引進績效主義，使人事費用得以與收益相互連動，正是「不持有經營」的代表性手法。然而，在企業的成長上，人是相當重要的因素，企業想要躋身為贏家，對人的投資便不可掉以輕心。

第4章

了解現金流量表與計數感的關係

4-1 現金流量與資金運用有什麼不同？

現金流量是從策略性思考的觀點出發

資金運用則是指在極短期間所做的資金管理

現金流量是指資金的收入和支出。當資金流入公司為收入，資金從公司支付出去即為支出，公司的收入減去支出就是現金流量。資金通常是指**現金與銀行存款**，在管理資金和編製現金流量表（C／F）時，必須先對資金的範圍做出明確的定義。

在財務分析上，儘管會使用**短期流動性**指標，但這項指標中計入的資金範圍（現金和銀行存款、與流動資產中有價證券的合計數）較廣。現金流量表中，則將資金的範圍集中在**現金與約當現金**（現金和活期存款、與支票存款等活期性存款，和三個月以內到期之類的短期性投資）。這種概念是將有價證券當中，價格變動風險較高的股票排除在資金範圍之外。

現金流量分為營業現金流量、投資現金流量、融資現金流量三種。在這種分類方式之下，可採用下述的方式來觀察企業的經營狀況：分析企業在本業所賺取的營業現金流量，是如何被運用於投資活動（投資現金流量），如果營業活動和投資活動的結果顯示資金不足，企業又要如何調度資金；相對地，結果若顯示有剩餘資金，企業又是如何利用這些剩餘資金（融資現金流量）。像這樣的現金流量分析是以營運計畫的期間，即半年、一年或數年為單位來進行，也會被應用在策略性的決策之上。而相對於現金流量，一般經常提及的**資金運用**，則是指在每日、每週或每月這種短期間的資金管理。從資金運用的狀況來檢視經營績效，這對經營而言是相當實際且重要的觀點。然而這項觀點與現金流量概念的不同之處在於：資金運用的觀點缺乏策略性的思考，因此請就這一點來區分現金流量與資金運用的差別，將兩者分開思考。

從策略性觀點思考現金流量

	第一年	第二年	第三年…
營業現金流量	100	150	200
投資策略 →	工廠建設	開發投資	出售子公司
投資現金流量	−120	−200	＋100
①合計	−20	−50	＋300
	資金不足	資金不足	資金剩餘
財務策略 →	借入資金	發行公司債	買回庫藏股
②融資現金流量	＋30	＋100	−200
年間現金流量增減 ①＋②	＋10	＋50	＋100

注：以上三種現金流量的正式名稱分別為：經營業務所得之現金流量、投資活動所得之現金流量、融資活動所得之現金流量。

資金運用是即時的資金管理

	第一週	第二週	第三週…
預定支出			
田中麵包廠		150	200
加藤商事	300		120
上谷產業		500	
預定收入			
大木超市			300
ABC商店			400
資金剩餘或不足	−300	−650	＋380

4-2 什麼是自由現金流量？

自由現金流量可從歷史資料與計畫資料兩種觀點來加以理解

要經常思考有效運用自由現金流量的方法

自由現金流量通常不會顯示在現金流量表當中，但它卻是一項重要的現金流量，下述將從兩種角度來說自由現金流量的意義，請務必釐清其中的概念。

首先，當我們將現金流量表視為一種分析用的歷史資料時，可以將自由現金流量想成是營業現金流量與投資現金流量的合計。從自由現金流量金額可了解企業營業活動與投資活動的結果對經營者所能支配使用的現金流量帶來多大程度的增減。如果合計後為正數，意味著**事業活動**（銷售活動與投資活動）產生了利潤。這種利潤被認為是「當期淨利中以現金流量的形式實現的利潤」，稱為「**淨現金流入**」，會呈現出公司在現金基礎下計算出的真實利潤。

然而，以訂定未來營運計畫為目的來使用現金流量表時，其中的意義會有些不同。雖然在顯示「已產生了多少以現金流量的形式實現的利潤(自由現金流量)」這一點上，其意義與前述做為歷史資料時相同，但在訂定未來營運計畫時，要如何運用自由現金流量的觀點則更為重要。

因此，在訂定未來營運的目的下使用現金流量表時，並不會將投資現金流量全數計入，而是在營業現金流量上僅加上維持公司營運及獲利所需的投資現金流量（譯注：包括為維持一定產能，而對設備投資的固定資產進行維修、替換備品之支出等等），來計算出自由現金流量。

之所以會採用這樣的計算方式，是由於在原本的投資現金流量當中，除了維持公司營運及獲利而進行的投資之外，也包含以公司未來成長為目的的**策略性投資**，而這種策略性投資，被視為是一種活用自由現金流量的方式。

由此可知，公司在訂定未來計畫時所採用的自由現金流量，所指的正是**經營者應該以策略性投資的觀點來決定其用途的資金**，因為對經營者而言，隨時掌握公司擁有多少自由現金流量、思考如何有效地運用是相當重要的。

自由現金流量的定義

1 自由現金流量是在一定的期間內，以現金基礎計算出的真正利潤，也是經營者能自由使用的資金。

2 自由現金流量的普遍定義：

營業現金流量＋投資現金流量
＝營業收益－法人稅等－營運資金調度額增加的部分
＋投資現金流量

3 投資現金流量的定義範圍：

⇨將現金流量表視為一種呈現歷史資料的財務報表來解讀時，投資現金流量的定義為所有過去的投資。

Point

顯示一定期間內產生的淨現金流入（出），觀察要如何運用於財務活動、增減可運用資金。

★考量今後的投資

⇨為維持公司營運現況所進行的投資。

Point

對於可使用於今後的營業活動、投資活動、融資活動上的自由現金流量總額，必須思考要如何加以靈活運用。

4-3 自由現金流量有哪些用途？

自由現金流量可用於改善財務體質、做為股東報酬、以及進行策略性投資

自由現金流量出現赤字的企業應該多加留意

自由現金流量有以下三種用途：

第一種用途是用以進行公司的財務重建和減少借款等，以**改善財務體質**為其目的。營運資金等資金不足的企業往往會出現營業現金流量不足的情形。在這種情況下，公司會出售土地和所投資的有價證券等（投資現金流量）以換得資金，使自由現金流量轉為正數，並以此資金償還債務。

倘若是在沒有可出售的資產的情況下，公司便會以新增借款和增資（融資現金流量）的方式來償還債務。

但是，新增借款會導致公司的財務體質更加惡化，也會使公司與金融機構的協商變得更為滯礙難行；而在增資方面，要找到願意出資的投資者是很困難的。這是由於，現今一旦沒有穩健的經營策略便難以調度資金。

第二種用途是做為**股東報酬**。在財務體質方面沒有問題的企業，會考慮使用自由現金流量來進行策略性投資或支付股東報酬。支付股東報酬是以**配息和買回庫藏股**（融資現金流量）的方式進行。買回庫藏股，即意味著企業將多餘的資金還給股東，企業如果在資金面不夠寬裕便無法進行這項動作；在配息方面，以重視**配息比率**（配息金額÷當期淨利）的成果分配方式，取代原本每期配發一定金額股息的做法，預料將成為今後的主流。為此，公司的自由現金流量也必須轉為正數並有所成長才行。

第三種用途是用來進行**策略性投資**。企業為了成長，在現行事業正在產生現金流量的同時，也必須培育新的事業。無法對策略性投資投入資金的企業，很可能會走向衰退之途，因此自由現金流量持續呈現赤字的企業，也可說是在企業成長方面亮起了紅燈。

運用自由現金流量的方法

改善財務體質

- 償還借款
- 做為工廠和店鋪的財務重建資金
- 隨著人力縮減而產生的特別退休金

支付股東報酬

- 增加配息
- 為了將剩餘資金還給股東而買回庫藏股

策略性投資

- 做為併購（M&A）其他企業的資金
- 研究開發投資
- 培育公司內部創投的資金
- 新事業投資
- 人才培訓投資

4-4 為什麼有了營業收益，但實質收益仍舊減少？

分析營業現金流量的內容可了解實質收益減少的原因

折舊費用是依據實際使用年數所計算出的金額來認列

營業現金流量是指企業從營業活動中所獲得的利潤。簡單來說，我們可以用「**稅後淨利＋折舊費用－因營運所需的資金調度增加額**」的計算方式來算出營業現金流量。

製造業由於需要使用大量的固定資產，因此折舊費用所占比例會高達營業現金流量的70%；在業績惡化、收益減少的企業，這項比例甚至會超過90%；而已出現赤字的企業則會超過100%，這顯示出該企業連折舊費用都無法支應了。

在計算折舊費用時所使用的法定**耐用年數**，多半較該項固定資產實際的可使用年數為長，這樣一來，便會使每年提列的折舊費用相對變少。依照這種計算方式提列折舊費用，會使該企業的收益被高估。因此，為正確地計算出收益，如果我們改以固定資產的實際使用期間（**實際使用年數**）來重新計算折舊費用的話，就會發現每期的折舊費用負擔增加，而營業收益也減少了。這樣的情形正顯示出：大多數的企業可能在未產出多少實質收益的情況下，因折舊費用的攤提方式未能反映使用資產的實際情況，而誤判公司有高收益，才會持續進行設備投資。

此外，即使營業現金流量相同，折舊費用比例高的企業，其收益只能先用於回收設備資金，這麼一來公司在無法確保成長所需資金的狀況下，便會出現問題。相對於此，能觀察營業現金流量以判斷是否要進行設備投資的企業，會因為注意到實際的經營狀況而能夠避免過度的投資，如此一來，營業現金流量中實質收益所占的比例也可因此提高。所以，企業應該根據設備的實際使用年數計算應負擔的實際折舊費用，並基於提高營業現金流量中現金收益比例的考量下，來判斷是否要進行投資，以創造真正的收益。

檢視營業現金流量的內容

即使營業現金流量相同，公司經營狀況的評價卻會隨著內容的差異而有所不同。

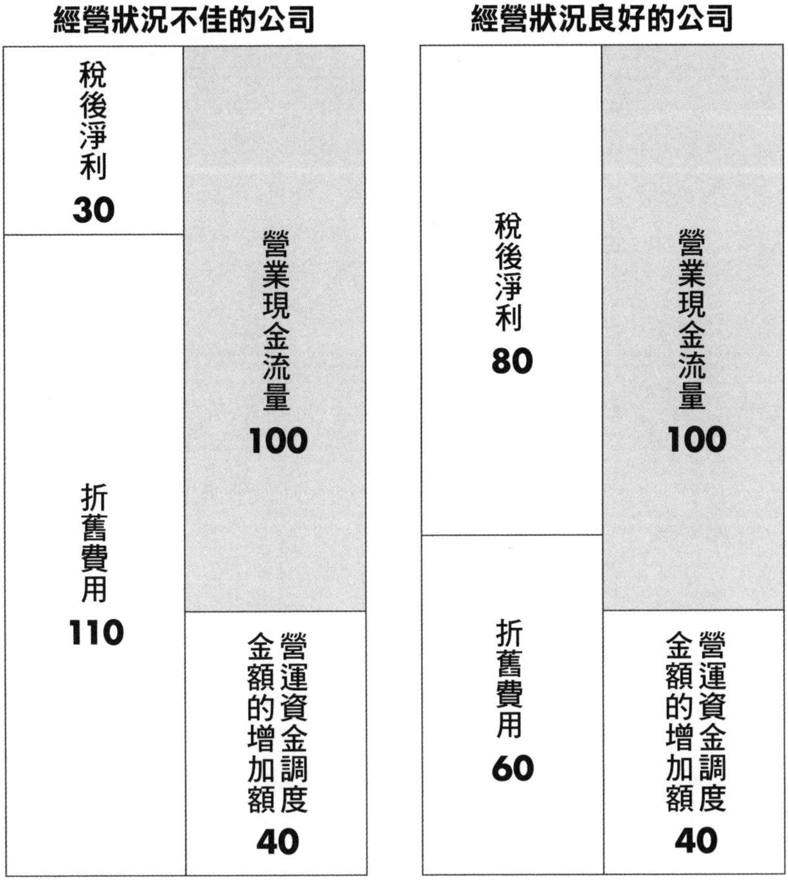

經營狀況不佳的公司

稅後淨利 30	營業現金流量 100
折舊費用 110	營運資金調度金額的增加額 40

✕折舊費用的負擔重，壓迫到公司營業收益

經營狀況良好的公司

稅後淨利 80	營業現金流量 100
折舊費用 60	營運資金調度金額的增加額 40

○即使負擔折舊費用，仍能產生高營業收益。

注：本表假設營運資金調度額的增減為相同金額。

專欄：提升經營力講座④

實踐真正的現金流量經營

「現金流量經營」一詞，早從二〇〇〇年三月開始，上市企業被規定有編製現金流量表的義務時，便蔚為話題（譯注：日本自該年度起，在證券交易法的規範下，賦予企業編製現金流量表的義務）。雖然也有企業自認「本公司在經營上向來都很重視現金流量」，但實際上真是如此嗎？所謂的現金流量經營的要點，企業又該如何掌握呢？

會這樣說的公司，就如同本章開頭曾提到的，是將現金流量與資金運用混為一談了。他們所認知的應該是一至三個月的短期收入與預期支出，但這應是所謂的資金運用，而並不是現金流量。雖然資金運用也是經營上不可或缺的要素，但資金運用並未考慮到資金的策略性運用，而這正是其問題所在。

如果公司只知道資金的全部總額，卻對現金流量（收支）的內容不加以區別，一旦發現現金與銀行存款餘額太少了，便向銀行申請融資，像這樣的**資金運用經營**只是見招拆招的經營方式。為了進行現金流量經營，公司必須要掌握三種現金流量（營業現金流量、投資現金流量、財務現金流量），並要能同時靈活運用各種現金流量。

那麼，所謂的現金流量經營是什麼樣的經營方式呢？簡單來說，我們可以將它想成：「**現金流量經營就是以將現金流量轉為正數為目標，讓現金流量能被有效運用的經營方式**」。之所以這樣說，是因為自由現金流量會顯示出公司在現金基礎下所計算出的利潤，而這也就是企業成長的資金來源。關於自由現金流量的運用方法，請參照本章第七十四頁的說明。

接著，讓我們來思考看看要採取什麼樣的具體行動，才符合現金流量經營的精神。

第一，要**經常意識到回收投資資金，並計畫如何加快回收速度，而且不放過下一個投資機會**。舉例來說，在固定資產上投入大量資金的企業，不會只依據法定耐用年數進行折舊以回收投資，而是必須依實際使用年數來縮短折舊期間，並留意盡早回收投資。

此外，持有較多存貨與銷貨債權的企業，如果不加速銷售和取回帳款，都會面臨資產不良化的問題，所以抱持著盡早回收投資資金的意識是很重要的。

第二，因市價會計的引進，企業逐漸出售其持有的交叉持股，不再採取此一做法，而必須追求不倚賴金融機關與企業系列的經營型態。換句話說，就是要推動不依靠其他企業、經營者必須保持高度警覺性的經營方式。如此一來，便可跨出企業系列進行交易，企業也會產生必須自行調度必要資金的心理準備，進而必須實行重視現金流量的經營方式。

第三，企業不向銀行借入資金，積極運用直接金融的經營（譯注：直接金融是指資金需求者〔主要為企業〕以發行股票或公司債等方式，直接向一般投資者等資金供給者募集資金）才是現金流量經營的真正意義所在。特別是權益融資（以發行新股的方式調度資金），會督促經營者使其更具緊張感和責任感。這類經由直接金融提供資金的投資者，會要求提高配息、股價（股東價值）等較高的投資效率。相較於從金融機關借入資金的利率，直接金融的投資者所要求的報酬率也會高出許多，而無法因應投資者這方面要求的事業，便無法向投資者募集資金。因此，直接面對投資者，正是實行現金流量經營是不可或缺的經營方式。

而在其他方面，利用委外等方式進行「不持有的經營」，則是讓企業在避免產生資產損失風險的同時，還能較容易地因應環境變化，規畫出企業的成長策略。

第二部分

現場管理者可立即運用的計數感

第5章

理解營業現場的計數感

5-1 營運資金所代表的意義為何？

5-2 什麼是存貨成本？

5-3 如何依照不同的銷售對象分別管理銷貨債權？

5-4 只用銷貨額來評估管理成效是否會有弊病？

5-5 要如何判斷哪些是應該要擴增的商品？

5-6 如何檢視是否超額借款？

專欄：提升經營力講座⑤ 什麼是行銷的4P

5-1 營運資金所代表的意義為何？

營運資金是指進行營業活動時必須使用的資金

營運資金調度額愈高，表示資金不足的情形愈嚴重

企業在進行各種活動時必然需要調度資金，在一方面運用這些資金的同時，一方面也使資金有所增加。對有獲利的事業而言，雖然現金流量會因獲利而提高、可用資金也增加了，但由於資金在支出與收入之間有暫時性的時間差，會出現需支付的資金一時短缺，或呈現資金過剩的情形。像這樣做為企業活動用途、會在使用時出現過剩或不足情形的資金，便稱為營運資金。

為此，負責營業活動的人員，對於營運資金為何會出現過剩與不足的機制，有必要事先理解清楚。

其中，特別要從隨著不同的營業活動而產生變化的**銷貨債權（應收票據、應收帳款）、存貨、購貨債務（應付票據、應付帳款）**這三者之間的結構關係，來理解造成營運資金過剩或不足的產生原因，這一點是很重要的。

所謂的購貨債務，意指從上游供應商處借入資金的狀態（調度來的資金）；相對地，存貨和銷貨債權則是呈現資金被使用的狀態（資金運用）。當（銷貨債權＋存貨）＞購貨債務時，表示營業活動的結果出現營運資金的調度金額不足（編按：即手上可動用的資金不足）。而當**營運資金調度額（銷貨債權＋存貨－購貨債務）**為正數、且數值愈高的話，就愈可能出現營運資金不足的情形。對於不足的部分，雖然可用收益帶入的現金流量加以填補，但如果收益不足，就得透過短期借款等方式調度資金。當連借款都無法借得時，就要拋售資產以籌措資金。

當營運資金調度額為負數時，表示公司對上游供應商處尚未支付的資金（購貨債務），足夠支應在銷貨債權與存貨方面尚未實現的資金缺口，因而讓公司資金呈現充裕的狀態。如果沒有理解上述的內容進行營業活動，便有可能會受到營運資金不足的牽制，這是負責材料、半成品、產品存貨相關的生產現場的從業人員，必須具備的思維。

因營業活動而造成資金不足的例子

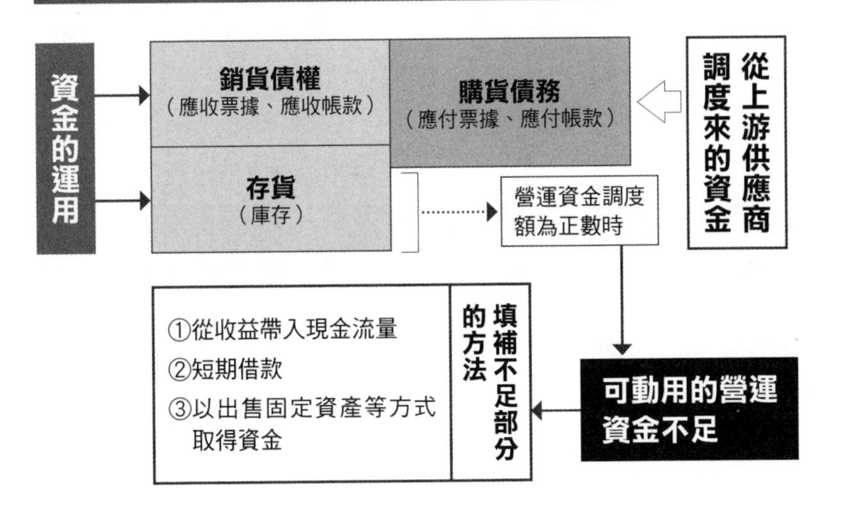

因營業活動使營運資金有剩餘的例子

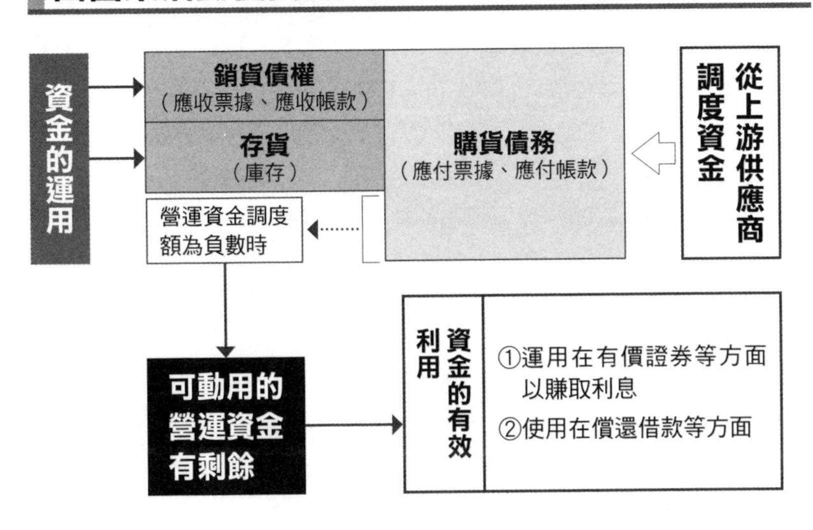

5-2 什麼是存貨成本？

存貨成本包含存貨持有成本與存貨訂購成本

持有存貨會耗費相當大的成本

在存貨上所花費的成本稱為存貨成本，在此我們將存貨成本分為存貨持有成本與存貨訂購成本兩類。**存貨持有成本**包含租金、保險費等與置放存貨的空間有關的成本、管理存貨所需的軟硬體相關費用、人事費用等等。

存貨訂購成本，是指處理存貨訂購事務的人事費用、交貨時分擔的運費、管理用軟體等相關費用等。

在存貨持有成本方面，必須了解**利息等機會成本也包括在存貨持有成本當中**。以下是關於這一點更進一步的說明。

假設存貨為100，這表示公司對存貨投入的資金只有100。請試想這筆資金是從哪裡調度來的。

舉例來說，如果公司借入100的資金，就要支付相應的利息。另外，即使公司沒有借款的必要性，在存貨上也必須投入100的資金，這一點是不會改變的。由於這是很重要的概念，請務必確實了解。

如此一來，這100的資金便不能使用在設備投資、促銷費用等其他用途上。假設此時的存款利率為年利率3%，當100的資金被用在存貨時，相對地也就表示公司損失了將這100的資金存入銀行後可得到的3%的利息。

更具體地想看看，假設存貨期間為一年的話，那麼就會有100×3%＝3的損失。在這種情況下，我們會說公司有3的**機會損失**、或者是產生了3的**機會成本**。一般說來，計算機會成本時都會考量企業調度資金的**加權平均資金成本率**，也就是借款的平均利率、對股東配息的股息殖利率等等的平均值。由於加權平均資金成本率會高於利率，所以對「持有存貨是相當耗費成本的」有所認知是很重要的。（編按：加權平均成本率的計算參見P154）

存貨成本的內容

存貨持有成本	●存貨空間所需的成本（租金、保險費） ●存貨管理所需的費用（電腦軟硬體費用、管理者的人事費用） ●利息等資金成本
存貨訂購成本	●存貨訂購費用（處理存貨訂購事務的人事費用、運費、軟硬體費用）

增加資產會使必要資金增加，而提高資金成本

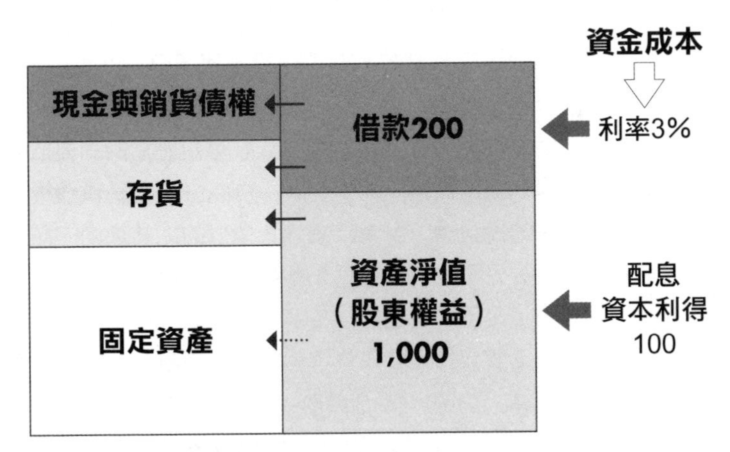

注：加權平均資金成本率的計算例子（不考慮稅賦的影響）

$$\frac{200 \times 3\% + 100}{200 + 1{,}000} = \frac{106}{1{,}200} \fallingdotseq 8.8\%$$

5-3 如何依照不同的銷售對象分別管理銷貨債權？

透過銷貨額毛利率與銷貨債權周轉率管理銷貨債權

銷貨債權是對銷售對象的投資額

如果仔細觀察銷貨額出現成長的客戶（銷貨對象），應該會發現公司對這些的銷貨對象的銷貨債權，多半也會同樣呈現增加的傾向。但是，如果出現對某個銷售對象的銷貨債權增加率，高於其銷貨額增加率時，就必須特別留意。

會出現這種情況，很可能是因為公司內有銷售人員想要以延長客戶的支付期限為條件，來促使銷貨額提升。這種情況應該視為「並未提升實質的銷貨額，而是以延後回收銷貨債權上的資金來『購買』銷貨額」。這樣做的結果可能造成應收帳款無法回收，而成為不良債權。

因此，為了能分別管理不同客戶的銷貨債權、以及發現潛藏的問題，以下將介紹分析銷貨債權與毛利之間關係的方法。

依不同的銷售對象進行分析時，會運用**投資報酬率**（ROI，收益÷所投入資本）的概念。

具體而言，也就是要針對每一個銷售對象計算出個別的**銷貨債權毛利率（銷貨額毛利率×銷貨債權周轉率）**，並加以分析。**銷貨債權**可說是**公司對該銷售對象的投資額**，對應該項銷貨債權的毛利比例，即為銷貨債權毛利率，代表著公司對各銷貨對象的投資報酬率，也就是公司對各個客戶的投資效率。接下來，在得知各個銷售對象的銷貨債權毛利率之外，還要再加入銷貨債權的回收效率（銷貨債權周轉率）與銷貨額毛利率來進一步分析（譯注：銷貨債權周轉率＝銷貨額÷銷貨債權〔應收帳款與應收票據之合計數〕；銷貨額毛利率＝銷貨毛利÷銷貨額）。

即使對公司而言為高銷貨毛利率的銷售對象，如果該銷售對象的銷貨債權周轉率低（回收效率不佳），仍會使銷貨債權毛利率降低，對公司整體的投資報酬率造成不良影響。

如本頁表例所示，A公司、B公司屬於高銷貨債權毛利率的銷售對象，公司除了加強對A、B兩公司的銷售活動，同時對於C公司這種在銷貨毛利率方面雖然表現良好、但銷貨債權周轉率不佳的往來對象，也要加速回收債權等等。公司對於使用在銷貨債權上的資金，要具備評估判斷資金是否被有效運用的意識，這是絕對必要的。

從銷貨債權來觀察個別銷售對象的資金效率

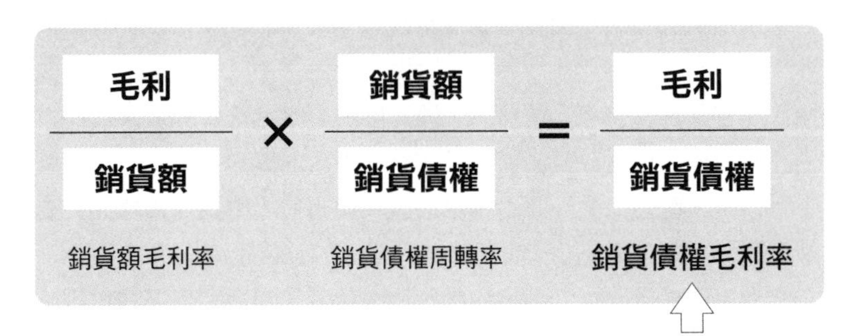

觀察各銷售對象的資金效率

	銷貨毛利率	優良順序	× 銷貨債權周轉率 =	銷貨債權毛利率	優良順序
A公司	30%	②	4.8次	144%	②
B公司	25%	③	12.0次	300%	①
C公司	40%	①	2.4次	96%	③
D公司	20%	④	3.0次	60%	④

在提高資金效率的同時還要提升收益性，因此必須加強對B公司、A公司的促銷，並加速對C公司的資金回收。

5-4 只用銷貨額來評估管理成效是否會有弊病？

應留意銷貨額對收益與資產負債表帶來的影響

要重視營業收益與銷貨額營業收益率等收益指標

單單以銷貨額來評估營業狀況可說是常見的管理手法，究其原因，不外乎是透過這種方式較便於掌握營業現場的業績。但是，只注重銷貨額的管理方式，容易傾向於疏忽了收益額與收益率等這些對經營而言相當重要的指標。會對收益額與收益率造成影響的因素，包含了在營業現場中為了促銷而採取的一連串相關措施，如**折價、附加退貨條件、支付回饋金**等，而這些都屬於銷貨額的扣除項目，會讓淨銷貨額減少。

此外，不注重收益的銷售活動，會增加銷售費用和事務費用等一般管理費，一旦發生客戶投訴請求損害賠償的糾紛的話，就得耗費許多加班和支援處理的時間等等，所需的人事費用也會隨之增加。

但是，即使發生了諸如此類會壓低收益的情形，在營業現場卻多半看不到收益的實際狀況，事態也會因而每況愈下。為了避免這種情況發生，在營業現場觀察銷貨額之外，也必須同時重視**營業收益**與**銷貨額營業收益率**等收益指標。此外，只重視銷貨額的管理方式，也會對資產負債表帶來不良影響。一般而言，資產負債表是由公司總括編製管理的報表，並非就各個營業單位製作的個別報表。在這種情況下，公司如果要求營業單位提高銷貨額，通常會造成銷貨債權（應收帳款、應收票據）與存貨增加的傾向，而提高產生不良債權與不良存貨的風險。原因在於，營業現場對於銷貨債權對經營所造成之重大影響，並未有明確認知之故。

一旦銷貨債權和存貨增加，**營業現金流量**便會減少，因而提高了借入營運資金的必要性。然而，借款會造成公司的利息負擔增加，也會壓迫到收益。因此，在營業現場觀察銷貨額、收益額、收益率的同時，也必須了解它們對現金流量會帶來什麼樣的影響。

只用銷貨額來評估管理成效的弊病為何？

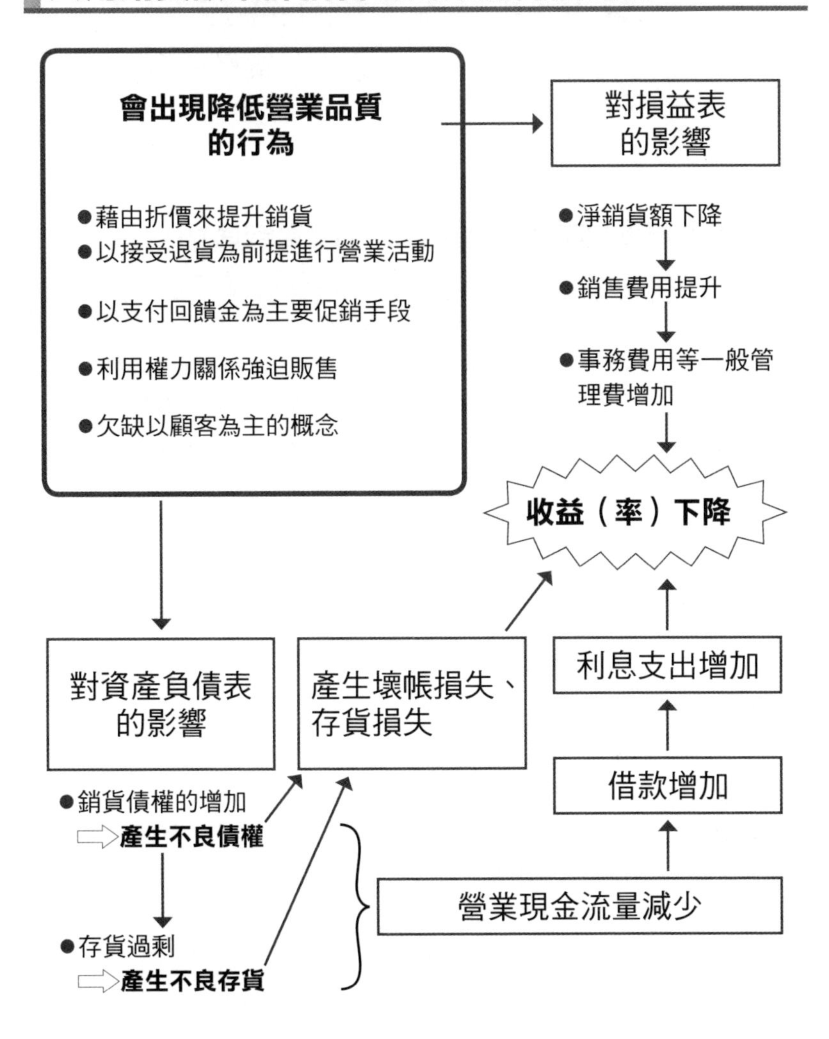

5-5 要如何判斷哪些是應該要擴增的商品？

以分析交叉比率的方式來判斷要擴增的商品

交叉比率是毛利對平均存貨（賣價）的比例

銷售商品時，應該就各商品的收益性判斷哪些商品應該擴增、哪些應減縮等等，進而訂定有效率的銷售策略，而交叉比率就是做這些判斷時可運用的指標。**交叉比率是毛利率對平均存貨（以賣價計算）的比例，以顯示存貨的投資效率**。以下交叉比率計算公式中的**毛利率**和**商品周轉率**來進行分析。（編按：交叉比率＝銷貨額毛利率×商品周轉率，參見右頁）

毛利率高的商品多半周轉率較差（銷售時會耗費較多時間），而毛利率低的產品，如果不提高周轉率（盡快賣出多數的商品）就會無法獲利。由於同一公司的商品線上，周轉率差的產品與周轉率高的產品通常都是並存的，因此要將銷售重點放在哪一項商品上，也會造成各項商品在銷售策略上的差異。

舉食品超市的例子來看，食品超市中商品的銷貨額由高至低，依序分別為蔬菜、肉類、魚類。

但是觀察這些商品的毛利率後，會發現熟食、零食．麵包類、蔬菜的毛利率高，而周轉率（銷售速度）較快的卻是飲料、蔬菜、魚類。如果為了提升銷貨額而擴增周轉率較佳的飲料銷售，由於飲料的毛利率較低，有可能會連帶使整體毛利率都降低了。如果個別來看各項指標，所擬定的銷售策略便只能應付眼前的狀況，無法建立能夠獲利的計畫。

因此在這種情況下，我們會參考交叉比率來擬定銷售計畫。在食品超市的例子中，交叉比率高的商品包括蔬菜、熟食、日配食品（譯注：每日配送的生鮮商品及保存期限短的食品類），因此可以擴增毛利率高的蔬菜和熟食的銷售，以提高整體的毛利率，同時也可擴增毛利率低但周轉率高的飲料銷售。因為周轉率較佳的商品多半會使顧客人數增加，帶來人潮的結果可預期蔬菜、熟食的銷售也會隨之增加，進而達成提升整個超市的交叉比率的目標。

交叉比率

$$\frac{\text{毛利}}{\text{存貨（賣價）}} = \frac{\text{毛利}}{\text{銷貨額}} \times \frac{\text{銷貨額}}{\text{存貨（賣價）}}$$

（交叉比率）[注]　（銷貨額毛利率）　（商品周轉率）

以收益率來賺取利益　提升存貨周轉速度，以確保收益額

❶交叉比率能顯示商品的銷售效率
❷交叉比率具有提高收益率或提高周轉率的作用
❸交叉比率也可應用於不同業種間的比較等方面

注：以成本來計算存貨時，會稱為GMROI（毛利存貨周轉回報率）。

觀察各商品的個別資金效率

商品	銷貨額	平均存貨	毛利率×	商品周轉率＝	交叉比率
蔬菜	30,000	230	29%	130.4次	3783%
肉類	25,500	330	25%	77.3次	1932%
魚類	16,500	135	20%	122.2次	2444%
日配商品	15,000	155	26%	96.8次	2516%
零食麵包	13,500	350	30%	38.6次	1157%
熟食	12,000	160	35%	80.0次	2800%
冷凍食品	12,000	250	15%	48.0次	720%
飲料	7,500	55	18%	136.4次	2455%
日用品	7,500	350	17%	21.4次	364%
合計	139,500	2,015	26%	69.2次	1800%

①擴增交叉比率高的商品，可提升賣場整體的銷售效率。
②行銷策略應以顧客與市場競爭分析做為前提。

5-6 如何檢視是否超額借款？

用債務償還年數等來檢視是否超額借款

能否以每年的現金流量來償還債務是很重要的

以下來介紹幾個判斷交易對象信用狀況的簡單方法。

如果用損益表來判斷，可使用**利息涵蓋比率**（倍數）〔（營業收益＋利息與配息收入〕〕÷利息支出）。這是檢測支付利息的資金來源（營業收益＋利息與配息收入＝**事業收益**）是否充足的指標，以此計算出的倍數必須要在四倍以上才算安全。如果有資產負債表可參照，就可以得知該公司的借款金額，進而做更進一步的分析。至於檢測可借入金額上限的方法，則可藉由**借款對月銷貨淨額倍率**（月數）（借款÷月銷貨淨額；借款＝短期借款＋長期借款＋貼現票據＋公司債）計算得知。

一般而言，借款對月銷貨淨額倍率到一．五個月為止仍為安全，到三個月左右則需加以注意，而超過六個月以上就被視為是危險的程度。所謂的危險是指，這家公司借入了相當於六個月分的月銷貨額，也就是年銷貨額一半的借款，顯示該公司超額借款而有財務上的危險性。然而，這項指標在使用上是有限度的，由於償還借款的資金來源應該是現金流量，而銷貨額又並非都能成為現金流量之故，所以這項指標也僅能當做參考。

而使用現金流量來判斷是否超額借款的方法，則有**債務償還年數**（借款÷年現金流量）。這項指標可以顯示出，如果使用每年的現金流量（營業收益＋折舊費用）償還債務的話，要花費多少年才能清償借款。

以TKC經營指標（譯注：日本公認會計師及稅務士總會，每年分析日本全國年營業額在一百億日圓以下的中小企業之經營成績與財務狀況，所得出的指標）（平成十九年指標版）來看，會發現全產業與收支平衡企業的平均債務償還年數為5.8年；批發業為7.0年；零售業為8.0年；不動產業則長達8.8年。相對之下，償還年數較短的則有製造業4.9年，資訊電信業則為3.1年。債務償還年數愈長，無法清償債務的危險性就愈高。

超額借款的檢測指標

利息涵蓋比率（倍）

$$\frac{\text{事業收益}（\text{營業收益}+\text{配息收入}+\text{利息收入}）}{\text{利息支出}}$$

- 達4倍以上，則顯示該公司的利息負擔能力高

借款對月銷貨淨額倍率（月）

$$\frac{\text{借款（有息負債）}（\text{短期借款}+\text{長期借款}+\text{貼現票據}+\text{公司債}）}{\text{月銷貨額}}$$

- 1.5個月為安全
- 3個月要加以注意
- 6個月為危險

超額借款的指標

債務償還年數（年）

$$\frac{\text{借款（有息負債）}（\text{短期借款}+\text{長期借款}+\text{貼現票據}+\text{公司債}）}{\text{營業收益}+\text{折舊費用}}$$

- 分母顯示營業現金流量
- 債務償還年數愈長，借款負擔愈大

專欄：提升經營力講座⑤

什麼是行銷的4P

行銷是指對販售產品、提供服務以使公司產生收益的活動、以及訂定計畫的行為。為了推動行銷活動，必須先了解何謂4Ｐ。這是取自Product（產品與服務）、Price（價格）、Promotion（促銷）、Place（銷售通路）四個單字的字首，合稱為4P。行銷策略是指如何去架構組織這四個P，而經過組織後的4P則被稱為**行銷組合**。

產品（Product）策略包括了透過研發新產品並組合多項產品以達成收益的增加、品牌策略、產品品質保證等。至於要提供哪種產品與服務，必須依據產品策略來加以考量。比如零售業要考慮到店鋪概念的設定，再依據其概念選擇商品品項等等。

價格（Price）策略是指價格的訂定，而訂定價格的方法有透過計算製造成本加上收益來設定價格的「成本附加定價法」；以及以進貨成本為基準，再加上預期收益的「成本加成定價法」。但實際上若訂出的商品價格無法讓消費者接受，商品便會難以銷售。因此，訂定價格時也有在考量顧客、銷售場所、銷售時期等之後先決定售價，然後再以**售價－必要收益＝可容許進貨額**的計算方式決定商品生產所需原料的進貨價格、製造成本，這類的定價方式經常被做為以顧客為導向的價格決策。

在新產品的販售方面，也有採取初期以高價銷售，當產品渡過生命週期的成長期之後，再降低價格販售的定價手法。這種定價策略可在汽車等耐久消費財、受專利保障等產品上看到。相對地，也有起初以低價銷售，以期產品在短時間內迅速普及的定價手法。這種定價策略經常被使用在日用品等便利品（譯注：各品牌之間的差異不大，消費者經常購買但不願花費時間及精力去比較選擇的產品）、速食品等方面。

促銷（Promotion）包括了廣告、宣傳、人力銷售等狹義的促銷活動（sales promotion），藉由組合這些要素來推展銷售的方法，稱為**促銷組合**。廣告和宣傳（讓該公司產品和公司在報社、出版社、電視台等媒體上曝光的運作），是讓顧客選擇該公司產品的間接運作手法，這稱為**拉式策略**。相對於此，直接拜訪顧客、面對面銷售等直接對顧客進行的人力銷售，發放宣傳用贈品、寄送DM、支付回饋金、舉辦展示會等狹義的促銷活動，則稱為**推式策略**。因為促銷僅是行銷策略中的一環，所以不能把促銷和行銷策略當成同一層級的活動。

製造商會用對銷貨貢獻的報酬、協助促銷活動等名目來支付回饋金，建立起企業系列的關係。然而，這種做法會加重製造商的負擔，因此最近也有許多製造商停止提供回饋金。大型流通業者中，也有為了獲取回饋金而做不必要的進貨，增加流通存貨的例子。其結果造成業者為了消化存貨而以低價出售，破壞了品牌形象。在流通業者方面，當製造商無法提升營業活動品質時，流通業者便會停止收取回饋金，轉而擴增依據顧客需求所選定的商品項目。

而在**銷售通路**（Place）方面則以**物流策略**最受關注。物流策略是以提升顧客服務與降低物流成本為其重要課題。提升顧客服務是試著將顧客需求的物品以及數量，在指定的時間內送達，像是便利商店等提供的多種類、少量配送就是很好的例子。而在降低物流成本方面，要如何掌握物流費用是很重要的。由於在財務報表中不容易看出物流費用，因此有必要依據配送、倉儲、搬運等不同物流過程，個別做**物流成本計算**。公司會在此前提下，檢討要將哪些過程委外、哪些過程由公司自己處理等，以降低物流費用的總額。

第6章

掌握研發與製造現場的計數感

6-1 你了解成本法的概念嗎？

成本法是指將在製造階段於工廠所發生的費用加總

個別合計各項產品的材料費、勞務費、製造費用

在說明成本法之前，有必要先說明其基本概念與用語意含。

在企業的經營活動過程中，會發生為了提升收益而產生的費用。費用可分類為在總公司與營業單位發生的費用、以及在軟體研發部門與工廠等製作現場發生的費用。在總公司與營業單位發生的費用，會被當成銷售費用與一般管理費，認列在該費用發生之會計年度的損益表上。相對於此，在工廠等製作現場發生的費用，則不會立即被認列在損益表上。在產品製成以及被銷售之前，會被當成存貨（包括未完成品的「半成品」與完成品的「產品」）認列在資產負債表上。

當我們將產品銷售出去時，產品會以銷貨成本認列在損益表上，對損益計算造成影響。相對地，這也意味著產品等尚未售出仍為存貨時，並不會對損益造成影響，但是這樣的成本處理方式卻會引發許多問題。如果生產現場採用的體制是以產量做為產能評估依據，那麼，盡可能大量生產就會成為公司所追求的目標。由於這些產品被認為在出售前並不會影響損益，因而致使公司製造過量，而導致存貨過剩。請理解公司此時已支出了在生產時所必須的資金，因此存貨過剩會讓公司面臨資金壓力。

接下來回到主題，所謂的成本法，就是計算產品與半成品成本的方法。進行成本法計算時，會將在工廠等製作現場所產生的費用分類，將所消費的原料稱為**材料費**、與產品製造人力相關的人事費用稱為**勞務費**、而其他在工廠所產生的費用則稱為**製造費用**（譯注：包含固定費用與變動費用）。依產品別合計這些費用，從中再分出產品與半成品來分別計算。

費用的發生與合計的流程

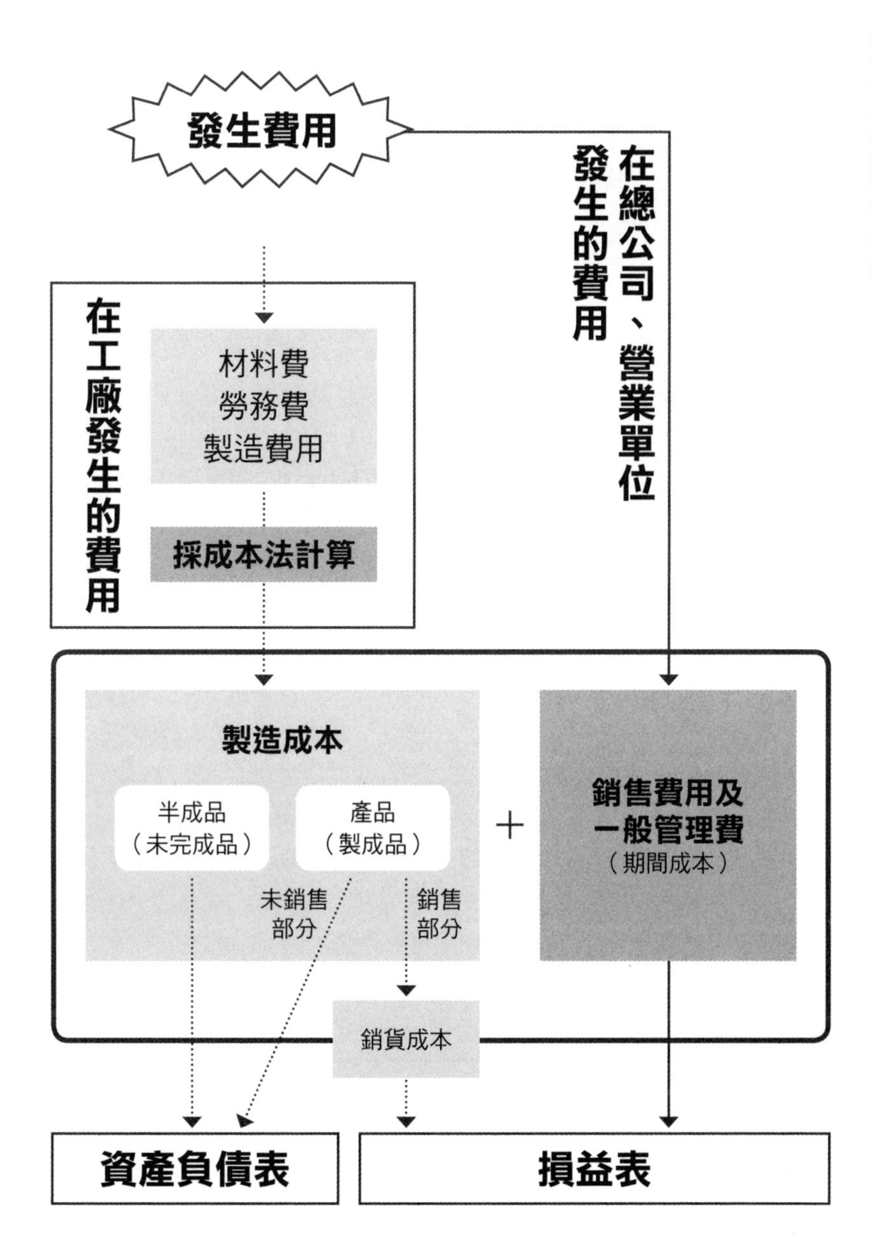

在持續量產時，會使用分步成本法

在此讓我們介紹簡單的計算例子（參見右圖）。

首先是合計材料費。假設在開始著手製造時就已投入全部材料費用，那就可以認為每一個製成品（300個）與半成品（100個）的材料費負擔是相同的。

當投入的總材料費為3,000萬日圓時，其中的半成品負擔部分是以3,000萬日圓×〔（100個÷（300個＋100個）〕＝750萬日圓的方式來計算。

此外，假設勞務費和直接費用是隨著加工進度發生並計算，半成品的加工程度相當於製成品的50%，那麼，在計算半成品的成本時就必須分攤相當於製成品50%的勞務費、直接費用。

也就是說當勞務費與製造費用為700萬日圓時，半成品因加工而產生的勞務費和製造費用為700萬日圓×〔（100個×50%〕÷（300個＋100個×50%)〕＝100萬日圓。半成品的成本合計為850萬日圓（材料費750萬日圓＋勞務費和製造費用100萬日圓）。

因此，製成品的成本是從總製造成本的3,700日圓（材料費3,000萬日圓＋勞務費200萬日圓＋直接費用500萬日圓）中，扣除半成品成本850萬日圓來求算，總共為2,850萬日圓。

如此計算出的製成品成本，在銷售後會被認列為損益表上的銷貨成本，未銷售部分被視為產品，揭示在資產負債表中；半成品則被視為在製中的未完成部分，也同樣揭示在資產負債表中（譯注：未售出部分的產品〔製成品〕與半成品〔在製品〕兩者均認列於資產負債表的存貨科目下）。

如上述例子，在公司持續量產的情況下採用**分步成本法**。相對地，依不同工程建設現場與計畫，分別計算個別的成本時，則會以分批成本法來計算。關於這一點會在下一節中再做說明。

分步成本法的計算方式

成本資訊

材料費	3,000萬日圓
勞務費	200萬日圓
製造費用	500萬日圓
總製造成本	3,700萬日圓

生產資訊

A 產品的製造數量

已完成部分（產品）	300 個
未完成部分（半成品）（加工程度 50%）	100 個

注：在開始著手製造時已投入所有材料，勞務費與製造費用則依加工程度的比例發生。

半成品的成本

材料費 **3,000萬日圓 × $\frac{100}{300+100}$ ＝750萬日圓**

勞務費 製造費用 **700萬日圓 × $\frac{100\times50\%}{(300+100)\times50\%}$ ＝100萬日圓**

合計 **850萬日圓**

製成品的成本

3,000＋200＋500－850＝2,850萬日圓

3,000＋200＋500：總製造成本

850：半成品的成本

6-2 分批成本法所指的是什麼？

分批成本法是依據現場別與計畫別的不同，個別進行成本計算的方法

沒有明確分攤標準的共同費用，表示公司在經營上有問題

分批成本法適用於計算大樓等工程建設、開發計畫的成本，此外，也被使用在公司接受特定企業的專用軟體訂單時，用來計算軟體成本等。以下讓我們以營建業的**現場別成本計算**為例來進行說明。

當有A、B、C三個現場同時在進行工程建設時，在各個現場所消費的材料費、勞務費、直接費用，會依各工程現場的不同進行個別計算。

假設在會計期末要計算各工程的成本時，各工程的情形分別為A工程700、B工程650、C工程530。若A工程尚未完成，B工程與C工程已經完成，並且已完成交付給訂購者。這時我們就不將未完成的A工程的成本視為費用，而是以存貨項目下的在建工程支出700（在製造業則稱為半成品）的形式，呈現在資產負債表當中。

而B工程與C工程的成本，由於已完成交付，故以工程成本1,180（在製造業則稱為產品的銷貨成本）的形式認列在損益表中。B工程與C工程的報酬則稱為工程收入（相當於銷貨額），如果B公司、C公司的工程收入合計為1,300，則總銷售收益就是120（1,300－1,180）。

而在其他部分，由各工程所共同負擔的費用（**共同費用**），雖然會分攤在各工程中，但由於共同費用中有許多管理責任不明確而難以區分的部分，因此並沒有訂出公正的分攤標準。所以必須先明確了解這些間接費用的發生原因，之後，再進一步判斷分攤標準。舉例來說，檢查費用要參照檢查時間，而訂購費用也要參照訂購次數來計算。無法找到明確分攤標準的共同費用，即代表公司在經營上潛藏某些問題，因此絕對有必要，在分攤費用之前先追究費用發生的原因。

分批成本法的概念

未完成的工程

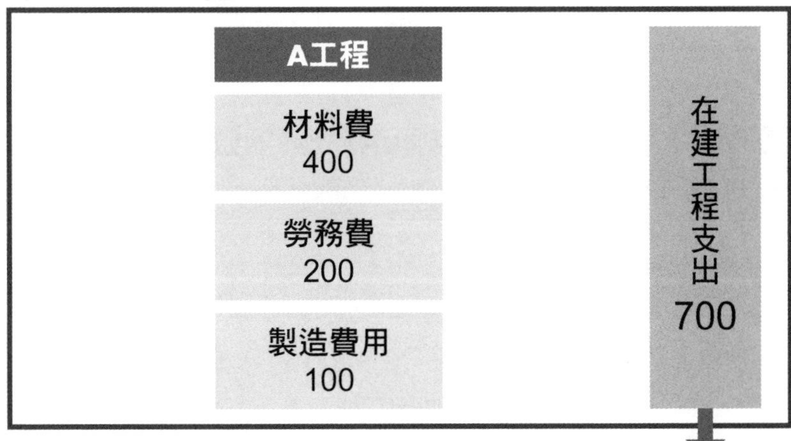

資產負債表中以
存貨700表示

已完成的工程

B工程	C工程
材料費 500	材料費 300
勞務費 100	勞務費 150
製造費用 50	製造費用 80

工程成本 1,180

在損益表中以工程成本（銷貨成本）1,180表示
報酬則以工程收入（銷貨額）表示

6-3 為什麼必須採用直接成本法？

用直接成本法就能了解產品在尚未出售時並未產生真正的收益

歸納成本法與直接成本法所計算出的收益會不同

產品成本的計算方式，是合計所有在製造現場發生的費用（製造成本），因此被稱為**歸納成本法**（譯注：亦稱為全部成本法）。

相對於此，將成本（製造成本、銷售費用以及一般管理費）分為會隨產品生產與銷售而發生的**變動費用**，以及不會隨上述活動變動的**固定費用**，再進行成本計算及損益計算的方式，被稱為**直接成本法**（譯注：亦稱為變動成本法）。歸納成本法和直接成本法之間較大的差異在於計算的收益有所不同。接著讓我們用一〇七頁與一〇九頁的圖解加以說明。

歸納成本法的損益計算，是以全部的材料費、勞務費、製造費用做為成本計算的對象。也就是說，假設製造成本為400，那麼以這個成本所製造出的10個產品，每個產品的製造成本都是40。如果當中賣出6個產品，銷貨成本即為240（6個×40），存貨則為160（4個×40）；當以每個50的價格銷售時，銷管費用若為40，那麼總銷售收益就是60〔（6個×50）－240）〕，再扣除銷管費用40（固定費用）之後的營業收益為20。

那麼，直接成本法又是如何計算損益的呢？

在直接成本法中，材料費被視為變動費用，勞務費與製造費用則被視為固定費用。以歸納成本法計算的產品成本為40日圓時，換成僅以變動費用計算出的製造成本（變動製造成本）為10日圓，其間差額會影響到收益計算。而在直接成本法中，則是將固定費用全部視為**期間成本**（未加計於產品成本當中，而是視為發生之會計期間的當期費用）。其結果是採用歸納成本法的損益表中，計算出的營業收益為20，但以直接成本法計算則是負100，兩者間的差距竟高達120。

歸納成本法的損益計算

材料費 100 （變動費用）	勞務費 200 （固定費用）	製造費用 100 （固定費用）

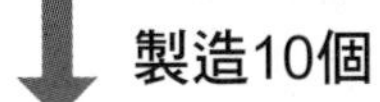

製造成本
每個產品
40

以價格50賣出6個

存貨 4 個 ×40 ＝ 160	**銷貨成本** 6 個 ×40 ＝ 240

資產負債表　　**損益表**

銷貨額
50×6個＝300
銷貨成本
40×6個＝240
總銷售收益 60
銷管費用　40
營業收益　20

直接成本法的損益計算較接近經營實況

讓我們來仔細想一想歸納成本法的損益計算方式。每個產品的製造成本為40，其中包含了每個產品的固定費用30（勞務費與製造費用合計金額300÷10個）。**在損益計算時會因為少扣了四個存貨的固定費用120（30×4個），因而計算出較高的收益**。

相對於此，直接成本法的損益計算，會將已發生的固定費用300，全部計算在費用（期間成本）當中。

直接成本法的損益計算方式，會將包含在存貨當中的固定費用提早認列為費用，因此在上述所舉的例子當中，直接成本法的計算方式會壓低營業收益，以至於較歸納成本法所計算出的營業收益少了120。

那麼，哪一種計算方法較接近實際經營者該具備的思維呢？

試想公司還剩下4個未賣出的產品，但依據歸納成本法計算損益時，未賣出的部分卻不會對損益造成影響，這和實際經營者該具備的思維出現了落差。製造4個尚未賣出的存貨時就已花費了固定費用120，只要這費用還沒有回收到銷貨額中，公司應該就沒有實際賺得利潤。而採用直接成本法的損益計算，則是將這種不會隨銷貨額而改變的固定費用提早視為費用認列，而這種做法其實才符合現今這個講求效率的時代。

然而，由於在公開財務報表中，損益表是採歸納成本法的損益計算為前提（譯注：一般公認會計原則中有所謂的收入與成本配合原則，而認為產品成本仍應該包含製造費用），因此在財務報表中並不會實際看到直接成本法的損益計算，直接成本法至多只會被運用做為製作內部資料的手法。而直接成本法之所以被運用在業績管理與短期收益計畫等方面，原因即在於此。

直接成本法的損益計算

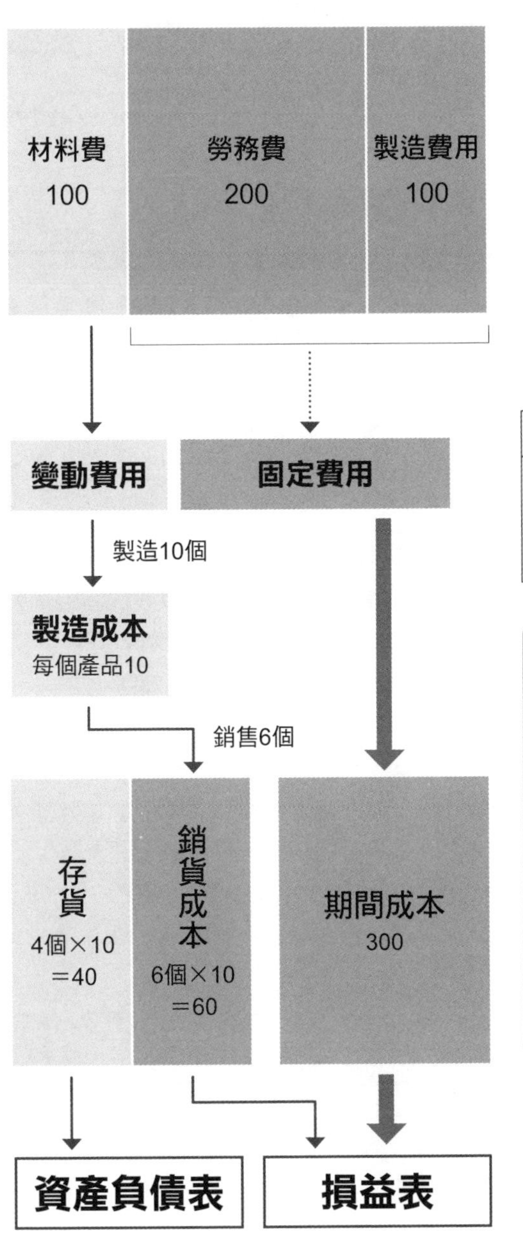

差異的原因在於？

40－10＝30
（每個的固定費用）
30×4個（存貨）＝120

銷貨額 50×6 個＝	300
變動銷貨成本 10×6 個＝	60
邊際利益	240
固定勞務費、 製造費用	300
固定銷管費用	40
營業收益	－100

6-4 對於競爭激烈的商品要如何訂定價格？

以變動費用為基準的定價方式有利於臨機應變

以變動費用為標準，因應實際狀況臨機應變

價格是由成本與收益來決定的。以**製造成本**（全部的成本）加上銷售費用與一般管理費（以下簡稱銷管費用）得出**總成本**後，再加上預期獲得的收益求算出價格，這雖然是著名的定價方式，但其中也存有問題。下面讓我們舉右頁的例子來說明。

在製造並銷售2,000個A產品的情況下，所計算出的製造成本為30萬日圓（變動費用20萬日圓〔每個100日圓×2,000個〕＋固定費用中的10萬日圓）、銷管費用20萬日圓（列入固定費用），每個產品的總成本為250日圓（〔製造成本30萬日圓＋銷貨費用與一般管理費20萬日圓〕÷2,000個）。但是，在只賣出1,500個產品的情況下，每個產品的總成本會提高到300日圓〔（每個100日圓×1,500個＋固定費用10萬日圓＋銷管費用20萬日圓）÷1,500個〕。即使我們原本預期會銷售出2,000個產品，在每個產品的總成本250日圓加上50日圓的收益後，訂出每個300日圓的銷售價格來出售，然而一旦銷售數量降到1,500個以下，總銷貨額無法涵蓋全部製造成本時，仍會形成赤字。由此可知，價格的設定會受到預期銷售數量左右，這一點也使得訂定價格變得困難。但事實上，會產生這種現象，追根究柢其原因乃是來自於成本中所包含的固定費用。

為了解決這個問題，出現了主張依銷售量比例計算變動費用，採取以**變動費用加上收益**的方式來設定價格的方法。

假設消費者能接受的價格為每個280日圓，以此價格每賣出一個產品，可賺取的邊際利益為180日圓（280日圓－每個產品製造成本當中的變動費用100日圓）。要獲得相當於全部固定費用30萬日圓（製造成本的固定費用10萬日圓＋銷管費用20萬日圓）的邊際利益，則需賣出1,667個（**損益平衡點的銷售數量**：固定費用30萬日圓÷每個邊際利益180日圓）產品，若賣出超過這個數量就會產生收益。

接著，當競爭對手將同類型商品的販售價格降到270日圓時，會迫使我方也降價到270日圓。但由於仍有170日圓的邊際利益（270日圓－100日圓），也就還有降價的空間。像這種以變動費用為基準，隨時應變決定價格的手法，正適用於價格競爭激烈的產品上。

總成本＋收益的價格設定

銷售2,000個產品時

		營業收益 每個50日圓	**銷售價格** 每個300日圓
固定費用 30萬÷2,000個 ＝每個150日圓	銷售費用與一般管理費 20萬÷2,000個 ＝每個100日圓	**總成本** 每個250日圓	
	製造成本 （全部成本）		
變動費用 每個100日圓	變動費用每個100日圓 ＋每個產品製造成本 當中的固定費用50日圓 （10萬÷2,000個） ＝每個150日圓		

注：每個產品的營業收益，是以公司整體營運目標所決定的營業收益，除以預期銷售數量而定。

變動費用＋收益的價格設定

如果能夠銷售2,500個產品，則會產生
180日圓×（2,500個－1,667個）＝149,940日圓的收益。

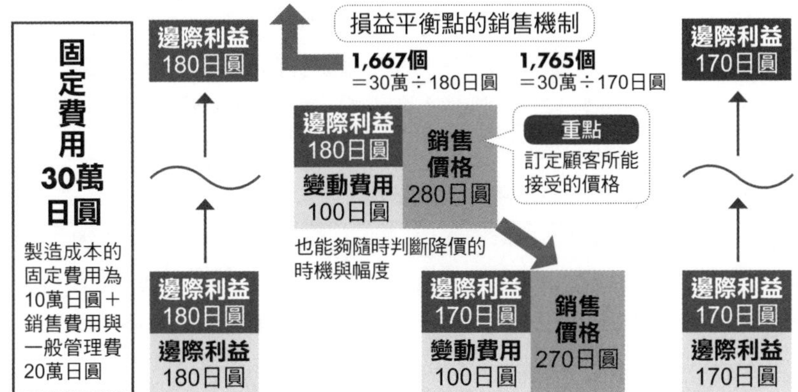

6-5 什麼是作業基礎成本法？

藉由作業基礎成本法可掌握符合實際狀況的成本

分析發生間接費用的原因以做為分攤的基準

近年來，間接製造費用（以下稱為間接費用）增加，依據分攤方式的不同而衍生出產品成本出現大幅度變化的問題。

作業基礎成本計算（ABC）是為檢視**間接費用的分攤基準**、以正確掌握**產品成本及其收益性**而產生的成本計算方法。作業基礎成本法會分析間接費用發生的原因，並以該原因做為分攤的基準，藉此使所分攤的間接費用接近實際的狀況。

現在，假設製造產品A與產品B時發生的**間接製造費用**為15萬日圓（存貨訂購費用5萬日圓、檢查費用10萬日圓）。照以往的做法以直接作業時間等為基準來分攤間接費用的話，產品A的直接作業時間計為200小時，產品B的直接作業時間計為100小時，因此，產品A要分攤10萬日圓，產品B則分攤5萬日圓（參見右頁）。

對此，在詳細了解間接費用中存貨訂購費用與檢查費用的發生原因之後，結果發現，存貨訂購費用幾乎都是對應著訂購次數發生的，存貨訂購次數共為五次（產品A三次、產品B二次），因此產品A的存貨訂購費應為3萬日圓〔5萬日圓×3次÷（3次＋2次）〕、產品B為2萬日圓〔5萬日圓×2次÷（3次＋2次）〕。而檢查費用則是對應檢查時數而發生，產品A耗時二小時，產品B耗時八小時，因此產品A的檢查費為2萬日圓〔10萬日圓×2小時÷（2小時＋8小時）〕、產品B為8萬日圓〔10萬日圓×8小時÷（2小時＋8小時）〕。如果將間接費用依據這些發生原因分攤到各產品上，應該就能夠掌握合乎實際狀況的成本。

以作業基礎成本法所計算出的結果，間接費用的負擔額應是產品A為5萬日圓、產品B為10萬日圓。相較於以往的分攤基準，間接費用的負擔金額分攤雖然呈現相反的狀態，但這才是產品成本的真實樣貌。

接下來應該思考的是，訂購次數與檢查時數如果維持現狀是否會有什麼問題。如果重新檢視業務進程與內容，也許會有減少訂購次數與檢查時數的可能性。以作業基礎成本法而進行的作業活動分析，對於改善經營計畫也有所助益。注：這種管理方式稱為作業基礎管理（ABM）。

以傳統的成本計算法來分攤間接費用

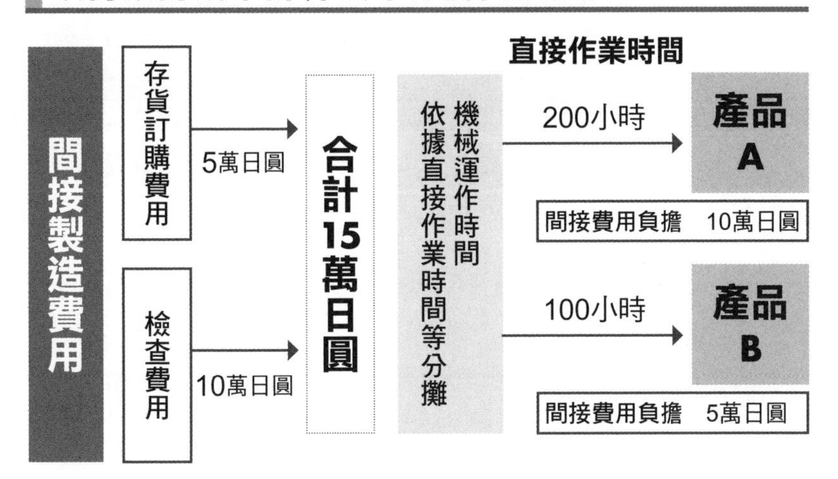

以ABC（作業基礎成本法）來分攤間接費用

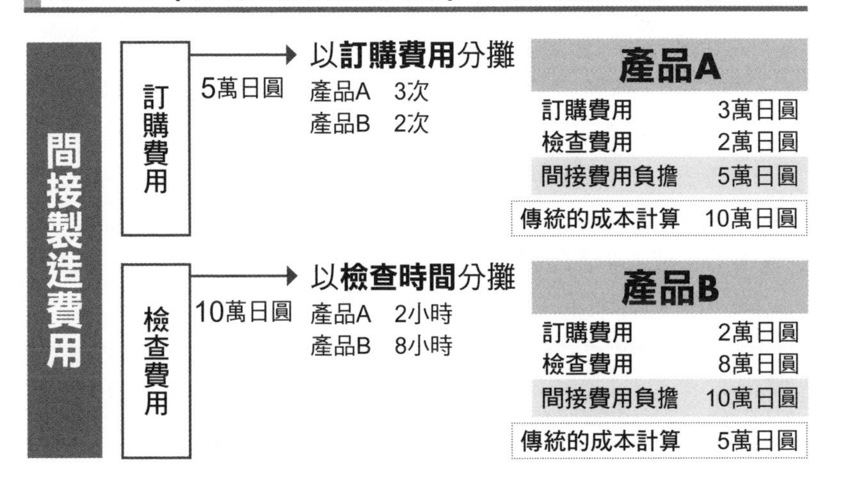

專欄：提升經營力講座⑥

新產品的研發進程

研發新產品是經營策略上的重要主題，要投入新產品乃是基於下列幾項考量：①為了增加銷售與收益、②為了使公司持續成長、③為與競爭企業對抗、④就短期而言是為了填補季節變動的商品缺口等。投入新產品是如此地重要，那麼從研發到投入市場為止，中間會經過哪些過程呢？以下針對這點來做整理。**新產品的研發進程**，大致上如下所示：

1. 創造出新的構想

為了創造出新的構想，必須從四面八方收集資料。例如從公司內部募集構想、從直銷商店（譯注：製造及流通業者實驗性販售新產品，並藉以獲得顧客感想與意見的零售商店）獲取資料、從客服中心收集消費者反應、賣場負責人員與經銷商的意見等。在販售現場使用許多兼職員工、工讀生、約聘員工，雖可節省人力費用，卻可能疏於應對顧客而錯失了聽取顧客反應與需求的機會，因此，培育兼職員工等人才是很重要的。

2. 評估新的構想

必須檢討收集到的構想是否真的具有發展成事業的可能性。在同時有許多構想的情況下，必須要考量新構想與既有產品的相乘效果、以及與企業策略的整合性等等，進而加以揀擇。在挑選後，更重要的是做**競爭調查**，以確認該構想是否能與對手競爭、以及是否具有創新性等。此外，為了確認市場真的對此商品有所需求，就要對預設消費群實施問卷調查（**顧客調查**）等。為了不讓構想淪為紙上空談，就不可疏於調查。

3. 研發產品概念與製作原型

思考產品能在市場上發揮競爭力的定位稱為**產品定位**，這是將產品從構想推往具體事業化的重要關卡。舉例來說，在市場上已然有一席之地的可照相手機，正是因為其獨特的市場定位而大受歡迎。

產品定位一旦被決定，就要考量顧客、需求、公司本身的特有能力，創造出該產品的形象。然後製作**試作品**，進而思考產品的包裝設計、生產線與銷售方法等。

4. 試銷

針對試作品是否能被目標顧客層所接受、產品是否有問題等，以**受測消費者**等方式調查、確認消費者的需求詳情，以變更、調整行銷手法與產品細部問題等。

5. 準備投入市場

這是為發展至今所計畫的行銷策略進行準備活動的階段。在這個階段，會統整出在銷售店舖推行的促銷活動以及活動企畫等。

6. 投入市場

將產品引進市場後要徹底進行**業績管理**，確實掌握產品的生命周期階段，並同時掌握產品的市場地位，以思考合適該產品的因應對策。

新產品的研發過程

過程	重點	內容
❶ 創造出新的構想	●令人感到困擾的是什麼 ●對人有所助益的是什麼	●利用直銷商店 ●腦力激盪 ●客服中心
❷ 評估新的構想	●是否具有創新性 ⇨競爭調查 ●是否有需求 ⇨顧客調查	●客觀評估 ●事業化的可能性 ●與企業戰略的整合性
❸ 研發產品概念與製作原型	●要如何進行 ●產品定位 ●使目標顧客明確化 ●對促銷組合的檢討	●在市場的地位 ●產品形象 ●預期顧客層 ●生產、銷售方法
❹ 試銷	●檢查缺漏的部分 ●發現缺點、缺陷 ●將細微的需求納入其中	●使用受測消費者 ●限定地區銷售
❺ 準備投入市場	●檢查整體的相關性 ●決定促銷組合	●決定價格 ●對銷售的商店進行說明 ●活動企畫 ●製作宣傳手冊、目錄
❻ 投入市場	●持續收集資訊與運用	●實行業績管理 ●管理預算、實績 ●掌握產品的生命周期

第7章

了解人事部門的計數感

7-1 人事費用只有薪資和獎金嗎？

7-2 人事費用的資金來源是哪些經營成果？

7-3 應該如何決定業績獎金？

7-4 附加價值應如何分配？

7-5 如何計算回收人事費用所必須達成的銷貨額？

專欄：提升經營力講座⑦ 活用激勵理論

7-1 人事費用只有薪資和獎金嗎？

人事費用是月薪的一・五倍以上

人事費用包含婚喪喜慶禮金、教育訓練費等在內

提到**人事費用**你會想到哪些內容呢？「人事費用」一詞是經營管理上的分類，並沒有明確的定義，但通常可以從以下八個項目來思考人事費用：①薪資、②獎金、③法定福利費、④退休金與年金、⑤法定外福利費、⑥實物付酬、⑦教育訓練費、⑧徵才費用。

其中①薪資，是由基本薪資與各項加給等固定薪資、和超時加給所構成，兼職員工與工讀生的薪資也包含在內，和②獎金均為代表性的人事費用。但最近採用年薪制的企業增加，使得薪資與獎金漸漸變得難以區分。③法定福利費是指福利厚生費（譯注：近似社會保險的日本社會福利政策）中，法律規定要企業負擔的部分，如健康保險費、厚生年金保險費、雇用保險（譯注：日制雇用保險，包含失業救濟及職訓、擴大就業之相關事業活動等在內）等。④的退休金，包含一次退休金、退休年金、公司內提存的退休給付準備金、公司外分期提存的企業年金等。⑤法定外福利費是公司可自行實施的福利活動相關費用，其中包含婚喪喜慶禮金、住宅津貼、儲蓄獎勵金等。人事費用中若還包含了⑥實物支付（譯注：以金錢以外的實物來支付薪資、獎金或其他津貼等，例如交通費〔以車票或回數券等實物支付〕、配發公司產品等）、⑦教育訓練費、⑧徵才費用在內，將會是一筆相當大的金額。

以固定薪資為基準，人事費用的總額在中小企業當中，被認為約是固定薪資的1.5倍左右，而大企業也有1.7至1.8倍。

關於人事費用，必須注意以下幾點：製造業、軟體業等業種當中，工廠及研發部門的人事費用會包含在銷貨成本內；而販售現場及公司管理部門的人事費用，則包含在銷管費用裡。此外，由於教育訓練費包含了材料費、訂購費用（外聘講師費用）、直接費用等多項內容，因此有必要重新加以計算。

人事費用的內容

人事費用	內容	中小企業	大企業
①固定薪資	包含兼職員工、工讀生薪資	100%	100%
②加班費 獎金		↓	↓
③法定福利費	厚生年金、健康保險、勞動保險（雇用保險、勞災保險）等的公司負擔部分		
④退休金與年金	一次退休金、退休年金、退休金準備金、企業年金的提存款		
⑤法定外福利費	婚喪喜慶禮金、住宅津貼、儲蓄獎勵金等		
⑥實物支付	交通費、配發公司產品		
⑦教育訓練費	員工教育		
⑧徵才費用	刊登徵才廣告、舉行任用試驗等的費用		
	人事費用總額	150%	170%～180%

7-2 人事費用的資金來源是哪些經營成果？

人事費用的資金來源包括營業收益與附加價值等

附加價值為投入「人、物、資金」的成果

評估公司經營的成果、以及將經營成果反映在薪資與獎金上的方式，會隨著時代而變動。在經濟成長的時代，銷貨額與收益會成比例變化，因此，即使是透過**銷貨額**與**市場占有率**來掌握經營狀況，由於收益也會呈同向變化，所以並不會出問題，但是現今卻並非如此。例如，製造業和礦業向來都將**生產量**視為其經營的成果。但在現今這個時代，商品被製造出來也不一定能賣得出去，因此，若再抱持著生產量即等於經營成果這種想法的話就會出現問題。

那麼，把**營業收益**、**經常利益**當做經營成果又會如何呢？由於上述這些收益已先扣除了人事費用，當這些收益超過預估的金額時，也有將超出金額中的百分之幾做為業績獎金支付給員工的分配方法。

另外，也有將**當期稅前淨利**視為經營成果的方法。雖然，當因裁員等結果而產生非常損失與非常利益，使經常利益與當期稅前淨利有大幅度差異時，這項數據是否能被視為經營成果仍值得商榷。但由於非常損失是來自過去投資失敗所造成的損失、或是與本業沒有太大關係的資產增值等，因此，以當期稅前淨利做為配息與內部保留盈餘等分配給股東之經營成果的資金來源，才是比較合適的想法。

在考量將經營成果分配給參與人力時，經常被使用的判斷標準應是附加價值。**附加價值**是企業投入「人」、「物」、「資金」後所得出的成果，是最適用於考量分配經營成果時的指標。至於求算附加價值的方法，則有使用扣除法的加工額，以及加上**邊際利益**後求出的**毛附加價值**（請參考第三十八頁至四十頁〈提升附加價值的方法有哪些？〉）。特別是從邊際利益來計算，以勞動分配率（人事費用÷邊際利益）與資本分配率（經常利益÷邊際利益）為基準的成果分配方式，是經常被使用的做法。

成為人事費用資金來源的經營成果

成為人事費用資金來源的經營成果種類	內容、特徵	使用方法	計算基準
●市場占有率 ●銷貨額 ●生產量	會有不一定能與收益相互連動的問題	能夠簡易地掌握數據，易於使用	人事費用率
●營業收益 ●經常利益	扣除一般人事費用後的經營成果	將收益或超過預算額的部分，分配給業績獎金	收益或收益預算的超出額×固定比例 ⇨業績獎金
●當期稅前淨利	應還原給股東的經營成果，與人事費用之間的關係並不明確	通常會分配在股東、稅金、內部保留上	有配息÷當期淨利（配息比率）等，但並非分配給人事費用的基準
●附加價值 ●加工額 ●邊際利益 ●狹義的附加價值	在分配給人、物、資金之前的經營成果，最適用於成果分配	決定人、物、資金的成果分配比例並進行分配	邊際利益×勞動分配率

7-3 應該如何決定業績獎金？

利用人事費用率、勞動分配率等決定業績獎金

包括以銷貨額和營業收益為基準的方法

業績獎金是一種依據經營成果來支付的獎金。對企業而言，由於以銷貨額和顯示本業賺取之利潤的營業收益做為分配基準的方式比較容易理解和掌握，因此為多數企業採用至今。本節將說明上述的銷貨額、營業收益等基準，來思考業績獎金的概念，再介紹以附加價值為基準的做法。

其中，以銷貨額判斷業績獎金的方法是要活用**人事費用率**（人事費用÷銷貨額）。將實際的銷貨額乘上人事費用率（公司所預訂的比例），求出可容許的人事費用總額，從中扣除已支付薪資等人事費用，再以餘額做為獎金資金的總額。但是基於考量到對銷貨額的增加有貢獻的不只有勞力（人），同時也包含資本（資金）在內，因此可將人的貢獻比例設定約為75%，也就是將所計算出的獎金資金總額乘以0.75。這項人的貢獻所占的比例，在勞力密集的企業與資本密集的企業之間，會有相當大的差異。

接著，再從獎金資金當中，扣除掉固定獎金總額（基本薪資×計算的月數），便可計算出業績獎金總額。之後再以人事考核等方式，來決定如何將業績獎金分配給個別員工即可。

而在使用營業收益來判斷業績獎金的情況下，則有用**營業收益超出預期之金額×固定比例**，以及**營業收益×固定比例**來決定**業績獎金總額**的計算方式。以營業收益為業績獎金發放的基準，即意味著「營業收益提升，業績獎金便會增加」，這是一種能讓公司員工容易理解的獎勵方式。雖然上述的固定比例會依公司所面臨的各種狀況而改變，但多半都在10%到20%左右。另外，本書中用來計算業績獎金的營業收益，是指公司在扣除固定獎金之後的營業收益。

業績獎金的分配方式

❶ 以銷貨額做為判斷基準

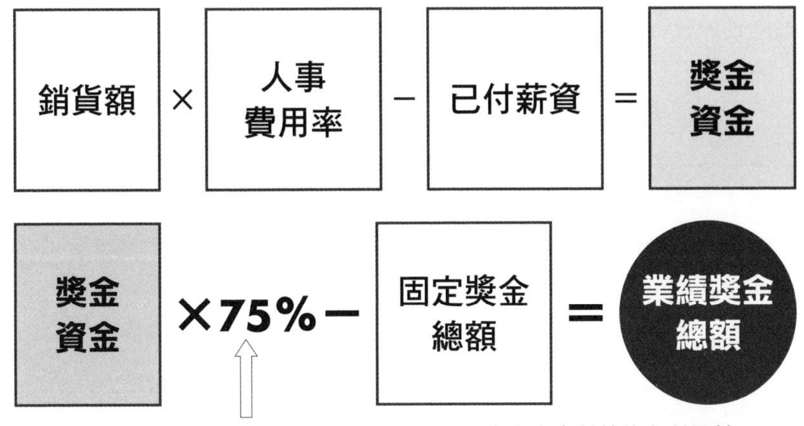

❷ 以營業收益做為判斷基準

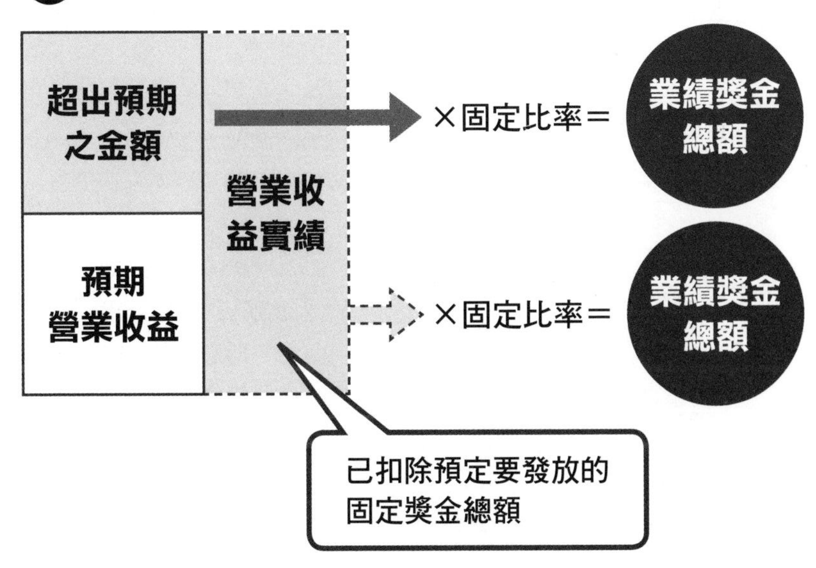

以附加價值為基準最適於成果分配

附加價值包括使用扣除法計算出的加工額與邊際利益，以及採加總法計算出的毛附加價值（請參照第三十八頁至四十頁〈提升附加價值的方法有哪些？〉）。而用在業績管理上的附加價值，要採用可依個別企業的實際狀況思考、掌握的邊際利益，才符合經營上的實際情形。以下介紹以邊際利益為基準決定業績獎金的方法。

首先，要先決定會成為變動費用、固定費用的會計科目，從中找出數據，算出每期（或每半期）的邊際收益（銷貨額－變動費用）與邊際利益率（邊際利益÷銷貨額）。此外，也要事先決定**勞動分配率**（人事費用÷邊際利益）的目標，然後用邊際利益與目標勞動分配率來進行計算，以決定人事費用的總額。

舉例來說，假設公司的銷貨額達到10億日圓，邊際利益率（邊際利益÷銷貨額）為30%，目標勞動分配率為50%時，預定的人事費用總額即為10億日圓×30%×50%＝1.5億日圓。從中扣除已支付的薪資、固定獎金等人事費用之後，就可算出要支付做為業績獎金的總額。如果已支付出的人事費用為1.4億日圓，業績獎金的資金即為0.1億日圓（1.5億日圓－1.4億日圓），這些業績獎金會再藉由獎金考核，分配給各個員工。但是，如果已支付出的人事費用高於預定的人事費用總額，便不會發出業績獎金。

這種以邊際利益等附加價值為基準的方法，在經營成果分配的概念之下，是最合適的獎勵方法。

業績獎金的分配方式

❸ 以附加價值（邊際利益）與勞動分配率做為判斷基準

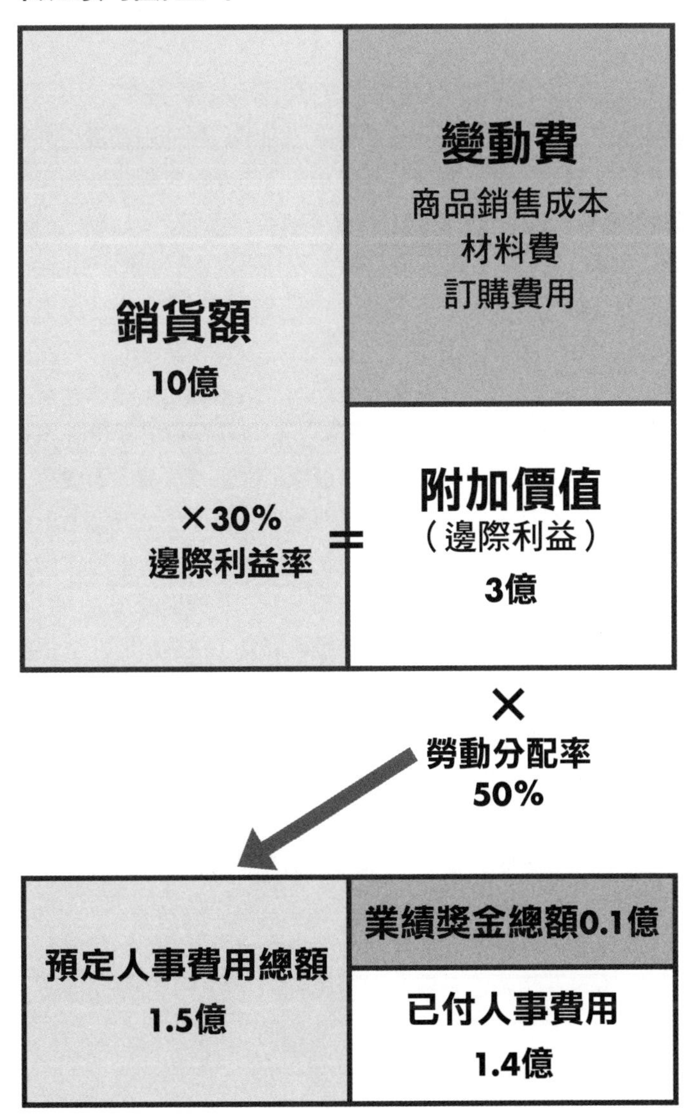

7-4 附加價值應如何分配？

分配附加價值要考量到勞動分配率、資本分配率

邊際利益平均有百分之五十分配於人事費用

附加價值是經營活動的成果，應分配在據以生產附加價值的經營資源（人、物、資金）上。接著以經營管理上考量附加價值時，所經常使用以邊際利益做為基準的方式來做說明。

邊際利益的計算方式是銷貨額×邊際利益率（邊際利益÷銷貨額）。邊際利益是公司在一定期間內的經營成果，因此應分配在對經營成果有貢獻的人事費用（人）、企業活動費（物、資金）、股東（資金）上。分配給人的比例稱為**勞動分配率**（人事費用÷邊際利益）；分配於經常利益的比例則稱為**資本分配率**（經常利益÷邊際利益）。

就平均值而言，會有50％左右的邊際利益被分配給**人事費用**，而這些資金會使用在薪資、獎金、董監事報酬、福利厚生費等方面上；**企業活動費**則可分為要分配給提供借款等資金提供者的利息支出，與其他的企業活動費等等。至於要使用多少邊際利益在企業活動費上，必須在下期收益計畫中做詳細的決定。分配於**經常利益**（假設沒有非常損益，即為**當期稅前淨利**）的邊際利益，則會被當做稅金、配息、董監事獎金、內部保留盈餘的資金使用。

人事費用通常都不會迅速降低，因此一旦邊際利益減少，勞動分配率就會上升，致使資本分配率降低、經常利益減少（譯注：當整體的邊際利益減少時，在人事費用〔勞動分配率的分子〕固定不變的情況下，會使得可分配在經常利益的部分相對減少，即資本分配率會降低），對企業的成長將會造成不良影響。理想的分配比例並沒有單一的固定標準，但通常是以勞動分配率40%、企業活動費分配率40%、資本分配率20%為佳。然而實際上，許多企業的勞動分配率都偏高，因此有必要以均衡的分配比例為目標，來重新考量其事業計畫。

附加價值的分配內容與概念

邊際利益（附加價值）

		分配對象
人事費用 勞動分配率 ‖ **人事費用÷邊際利益** 通常都會超過50%，但以40%為理想	**員工薪資** **員工獎金** **福利厚生費** **董監事報酬**	員工 員工 員工 經營者
企業活動費 對企業活動費的分配率以40%左右為佳	**利息支出** **其他企業活動費** 折舊費用、房屋租金、租賃費用 → 促銷費用等 →	債權人 設備等「物」 必要經費
經常利益 資本分配率 ‖ **經常利益÷邊際利益** 有20%左右即可	**董監事獎金** **配息** **內部保留盈餘** **稅金**	經營者 股東 股東 國家

7-5 如何計算回收人事費用所必須達成的銷貨額？

用邊際利益率、勞動分配率來計算必須達成的銷貨額

要賺取五萬日圓的人事費用，必須有其十倍的銷貨額

人事費用在企業經費中占有相當大的比重，那又應該如何思考，做為人事費用來源的銷貨額是否充足的問題呢？以下讓我們來介紹使用附加價值的**邊際利益（率）**與**勞動分配率**的計算實例。

有三名員工其固定薪資（月薪）分別為30萬日圓、40萬日圓、50萬日圓，一起進行了五小時的會議。在這個公司裡，每個人平均每個月的勞動時間為180小時。那麼，①在這個會議中所花費的費用是多少？②在勞動分配率設為50%、邊際利益率為20%的批發業，為回收會議費用所必須達成的銷貨額是多少？

第①個問題中，固定薪資的合計為每個月120萬日圓（30萬日圓＋40萬日圓＋50萬日圓），由於一般企業通常還會支付獎金與法定福利費等其他人事費用，在此暫且設定在加計其他人事費用後，三人一個月的人事費用是薪資合計的1.5倍，也就是180萬日圓（120萬日圓×1.5倍，大企業的話請想成1.7倍至1.8倍左右）。換算為時薪是每小時1萬日圓（180萬日圓÷180小時），耗時五小時開會，因此有5萬日圓的人事費用使用在會議上（應注意的是，實際上如果把會場費用、水電費、資料費用等也考慮進來，費用將會再增加）。

②要回收花費在會議上的這5萬日圓人事費用，必須要有多少的銷貨額才能達成呢？將勞動分配率設為50%，則邊際利益就必須要是5萬日圓的一倍，即10萬日圓（5萬日圓÷50%。邊際利益＝人事費用÷勞動分配率）。再用邊際利益率進一步計算銷貨額，該公司的邊際利益率為20%，那麼銷貨額必須是邊際利益10萬日圓的五倍，也就是50萬日圓（10萬日圓÷20%。銷貨額＝邊際利益÷邊際利益率），而這個金額竟高達花費在會議上的5萬日圓人事費用的十倍。為開會而開會的無用會議，以及對業績沒有貢獻的會議，都會使為了回收人事費用的必要銷貨

額逐漸增加，而且通常邊際利益率愈低的企業需提高銷貨額的倍數會愈大。請試以自己的薪資，實際對照公司的銷貨額來計算分析。

為回收開會所花的費用所必須要達到的銷貨額

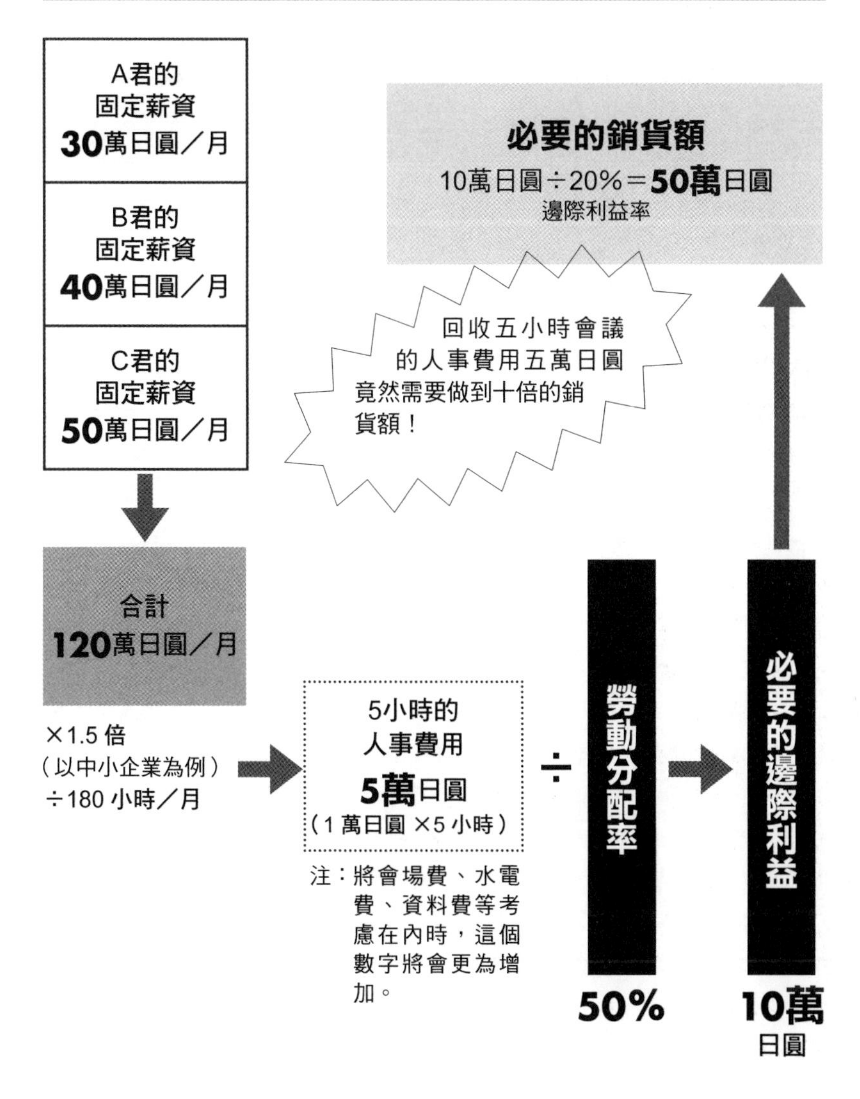

活用激勵理論

隨著價值觀的改變，雇用型態趨於流動化，以往的人事制度也因而漸失效益。對於勞動人口而言雖然是種機會，但對依照舊制度做生涯規畫的人而言卻是個痛苦的時代。

經營者為了使任用的人力成為公司的戰力做了各種嘗試，因而出現了年薪制、自願退休制、通年採用制（譯注：全年度徵才的人事制度。相對於日系企業多集中於每年四月等時期徵才的制度而言）、成果主義、目標管理制度、自主型福利計畫（譯注：員工可自由選擇內容的福利計畫）、成功報酬、全方位績效評估、絕對評估、職能評鑑等各種制度，這些制度的共通點都是為了有效運用人力這項經營資源。在此，讓我們回過頭來重新檢視傳統的激勵（motivation）理論，從原點重新觀察現狀。

馬斯洛（譯注：1908～1970，美國心理學家）的**需求層次理論**，是洞察人類需求的著名理論。他將人類的需求分為生理需求、安全需求、社交需求、自尊需求、自我實現需求這五個階段。當低層次的需求被滿足後，就會進而產生高層次的需求：生理需求、安全需求是食衣住等基本需求；社交需求是指希望能在團體中與他人良好交際的需求；自尊需求是希望受到眾人尊敬、獲得好評的需求；**自我實現需求**，則是希望發揮自己的能力，以達成自我成長的需求。

而為了滿足這些需求，人們制訂了各種**經營系統**。針對生理需求與安全需求，雖然有終生雇用制、社會保險制度、退休金制度等，但由於社會環境的變化，制度的存續變得岌岌可危，在低層次的需求無法被滿足的不安感之下，也對消費行為造成了影響。而對於社交需求，則有提案制度、公司內部報、心理諮商、員工旅行等各種嘗試，隨著全球化經濟、自由工作型態的發展，舊有的制度結構面臨極限。對於自尊的需求方面，有職能薪給、職務薪給、裁量勞動制（譯注：即彈性工時制）、升遷通路分類的人事管理、自我評估制度等，但這些制度也已面臨極限。而自我實現的需求，對以經營革新為目標的經營而言，是激勵行動的重要切入點，因此實際上雖然已經採行成果主義、目標管理制度、全方位績效評估等，但各種經營系統仍然逐漸變化中。

最近，也有人提出比自我實現更向前推展的自我超越的需求。由於人們多半不明白究竟要掌握什麼才是自我實現的具體表現，因此也有人認為，或許自我超越才是真正的自我實現。在低層次的需求受到威脅的改革期，若不明白五階段的需求是要階段性地達成而將之混淆的話，就無法良好運用人力這項經營資源。

赫茲伯格（譯注：1923～2000，美國心理學家）的**激勵保健理論**，針對人的激勵行動提供了明確的觀點。他主張員工的不滿因素以及滿意因素是不同的。其中**不滿因素**包括了公司經營方針、人際關係、職場環境、工作條件、薪資等職務環境因素；相對於此，**滿意因素**則是工作的達成、達成後獲得認可、工作內容、責任、升遷等與職務內容相關的因素。即使有良好的職場環境，職務內容若不夠充實，員工必然會感到不滿。上司通常會說「加了薪就不要再抱怨，去好好工作」，但這種說法並無法增加員工的幹勁，這就是一個很好的例子。因此，公司必須同時去改善不滿因素和滿足因素。從工作的層面來說，必須觀察整體的工作，使員工認識個人所扮演的角色以及重要性。在製造業中逐漸被擴大採用的**獨力生產制**（非生產線的分工作業方式，而是由一名或數名作業員負責全部組裝工程的生產方式），即可說是以從業人員滿意因素為基礎的生產方式。

第8章

學習可用於股票與債券投資的計數感

8-1 債券價格與殖利率有何關連？

債券價格上漲時殖利率即會下降

當出售債券的人增加時債券價格就會降低，而殖利率則會提升

本節要讓各位讀者能確實理解使用於股票與債券投資的指標。在經常成為話題的長期利率中，最具代表性的是償還期間長達十年的公債（長期公債）殖利率。當債券價格提高時，殖利率就會下降；反之，若債券價格下降殖利率即會上升。這兩者之間有什麼樣的關係呢？

在面額100日圓的債券上，會載明年利率是百分之多少，這個利率稱為**票面利率**。假設債券的發行票面利率為年利率3%（即投入100日圓購買，每年可獲得3日圓的利息），經由買賣而在市面上流通，原本等同於面額100日圓的**債券價格**，在日後上漲到110日圓。對以110日圓購買這張債券的人而言，即使獲取3日圓的利息，殖利率（**當期殖利率**）也只有3日圓÷110日圓＝2.7%。

由於債券在到期時會清償面額的100日圓，如果在債券價格已漲至110日圓、距離到期日還剩七年時買進這張債券的話，就會產生110日圓－100日圓＝10日圓的償還差損。若將這項損失考慮在內，對買進這張債券的人而言，債券的殖利率會下降到1.4%（即｛〔3日圓＋（100日圓－110日圓）÷剩餘年數7年〕÷110日圓｝），這個殖利率就稱為**到期殖利率**。當金融市場不安定的態勢擴大，投資者競相購買相對安全的公債等債券時，將會出現債券價格上升、殖利率下降的傾向。

反之，在景氣回溫、未來利率可能上升的環境之下，投資者會為新的運用資金機會做準備，而這會使想要賣出持有債券的人增加，其結果將造成債券價格下降，到期殖利率上升。舉例來說，如果前述的債券價格降到95日圓，到期殖利率就會提升到3.9%（即｛〔3日圓＋（100日圓－95日圓）÷7年〕÷95日圓｝）。由此可知，債券的市場狀況也能夠事先反映出未來利率上升的可能性。

債券價格與殖利率的關係為何？

計算殖利率的方法

到期殖利率（%）1.4% ＝（ 3日圓 票面利率 ＋ (100日圓 清償價格 － 110日圓 買進價格 ［10日圓 償還差損］) ÷ 剩餘年數 7年 ）÷ 110日圓 買進價格

$$\text{到期殖利率（\%）} = \left(\text{票面利率} + \frac{\text{清償價格} - \text{買進價格}}{\text{剩餘年數}} \right) \div \text{買進價格}$$

注1：票面利率是以100日圓的面額會產生多少利息來做考量，利率3%表示100日圓會產生3日圓的利息。

注2：剩餘年數是以剩餘日數÷365算出

到期殖利率（%）2.7% ＝ 票面利率 3日圓 ／ 買進價格 110日圓

$$\text{到期殖利率（\%）} = \frac{\text{票面利率}}{\text{買進價格}}$$

重點

如果價格上漲… → 殖利率下降

價格		殖利率
價格	110日圓	殖利率　1.4%
價格	100日圓	殖利率　3%
價格	95日圓	殖利率　3.9%

如果價格下跌… → 殖利率上升

注3：殖利率是以到期殖利率（剩餘年數7年）來計算

8-2 你了解利率在經營上的意義嗎？

利率代表了資金調度成本與運用報酬率

調度資金的利率會對公司的財務狀況造成重大影響

利率對於調度資金者而言，意謂著**資金調度成本**（資金成本）；但相對地，對出借資金以及買進債券的資金提供者而言，則是代表著資金的**運用報酬率**。

由於銀行一般都會要求放款對象企業提供擔保，以做為即使該企業破產時也能回收資金的補足手段，因此多數情況下，貸款利率並沒有實際反映出該企業的**還款能力（信用風險）**。也就是說，即使財務上並不安全的企業，只要能提供擔保，也能夠用一般的利率借入資金。

然而，如果企業的信用風險受到重視，那麼在財務安全性方面有問題、成長性較低的企業，就會相對地被要求較高的利率，這稱為「**資金成本上升**」。因此，今後企業在調度資金時要能意識到資金成本，對於所調度的新資金會讓企業負擔何種程度的資金成本，有詳加檢討的必要。

在證券市場中流通的債券，其信用風險會反映在市價上。舉例來說，在財務安全性方面有問題、低成長性的企業，由於所發行的公司債有可能面臨無法償還的風險，而在到期之前被賣出，這時該公司所發行之公司債的市價便會下跌。比方說，即便票面利率為2%（對100日圓的面額，約定付出2日圓的利息），如果公司債的市價跌到80日圓，當期殖利率便會上升到2.5%（2日圓÷80日圓）。這意謂著該公司下次發行公司債時，如果不設定高於2.5%的利率，便無法吸引投資者而難以發行新的公司債。

如上所述，一旦公司的信用風險提高，就必須**支付較高的報酬給資金提供者**，也就是提供較高的利息。因調度資金而必須承擔的利率，將大幅影響公司本身經營狀況的時代已然來臨。

現在是重視資金成本的時代

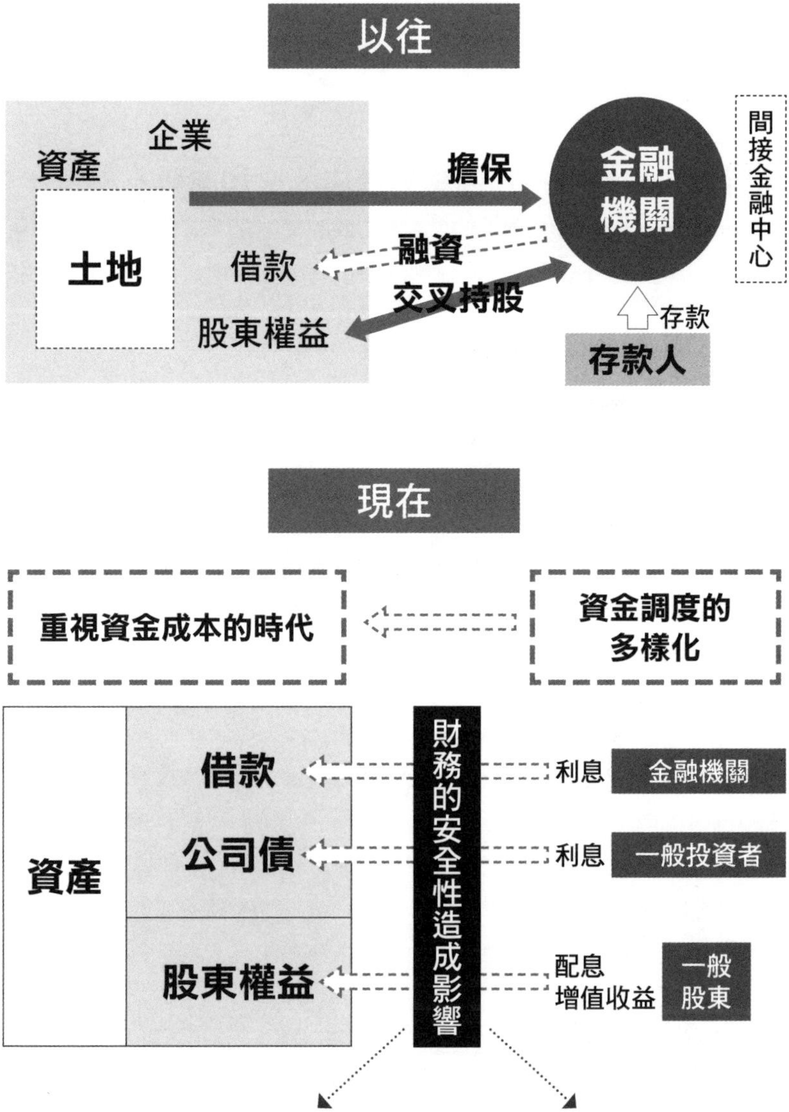

8-3 股票投資用的指標有哪些？（其一）

要了解每股盈餘、本益比與股價淨值比

每股盈餘能顯示一年內股東價值的增加部分

讓我們來統整可用於股票投資方面的經營指標。股價顯示每股的股東價值（淨值的市價），因此在判斷股價時，會使用以每股為單位的指標。

經常使用的指標有**每股盈餘（EPS）**，這是將當期淨利除以已發行股數所得出的數據。EPS意味著股東價值在一年內增加的部分，假設現在的EPS會連續維持十年不變，那麼十年後股東價值將會增加至現在EPS的十倍，如果我們以現在的股價來思考這個數字，表示股價很可能會在未來上漲到現在EPS的十幾倍。這說明了為什麼在一個收益增加的公司公布財務報告之後，公司的股價會隨之上漲，因為投資者從中聯想到了未來股東價值將隨著收益增加而上升，進而影響股價的變動。然而，即使收益有所增加，仍必須注意的是，相對於出售資產等帶來的暫時性收益增加，實際上本業所賺的錢，也就是營業收益增加時造成的EPS增加，才會對股價產生較大的影響。

本益比（PER）的計算方式為股價÷每股盈餘，這是以先前提到的「每股盈餘的十倍」概念當做標準的比率。一般的判斷方式是：本益比愈低的股票，股價愈是相對地被低估；而本益比愈高的股票價格則會被高估。當市場的平均本益比是二十倍時，可以就此判斷，投資者會因為預期未來該公司收益將增加，而買進PER高於市場平均，例如PER達到三十倍的股票。

股價淨值比（PBR）是以股價÷每股淨值（股東權益）計算出。**每股淨值（BPS）**所呈現的是資產的清算價值。若PBR跌破一倍，即可推測該公司存有較大的問題；另一方面，PBR愈接近一倍，即可推斷該公司的股價愈接近底價。此外，PBR也經常被拿來與個股PBR與市場平均PBR等做比較，藉此來判斷該公司的股價是否被低估或高估。

具代表性的股票投資相關指標（之一）

每股盈餘（EPS：Earnings Per Share） ＝ 當期淨利 / 已發行股數

本益比（倍）（PER：Price Earnings Ratio） ＝ 股價 / 每股盈餘（EPS）

股價淨值比（倍）（PBR：Price Book-value Ratio） ＝ 股價 / 每股淨值（BPS）

本益比與股價淨值比的關係

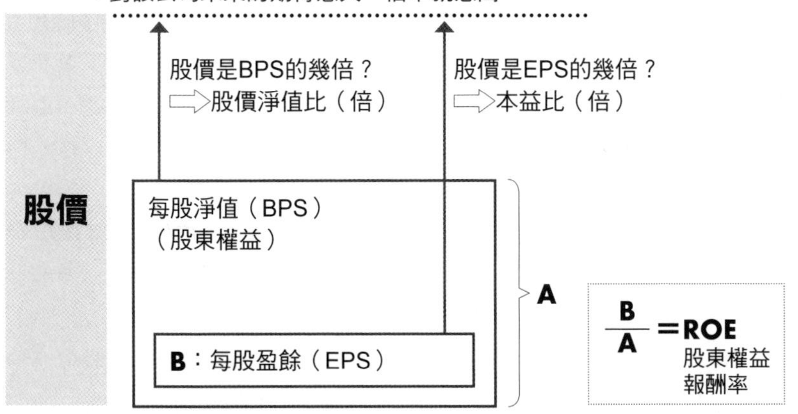

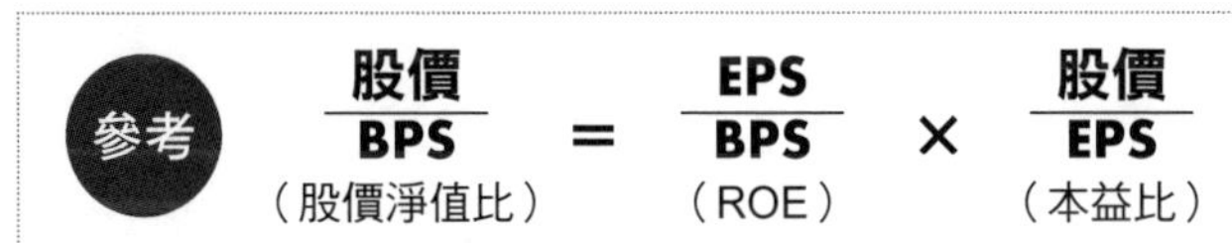

8-4 股票投資用的指標有哪些？（其二）

必須了解股息殖利率、股東權益報酬率、股票收益率

股東權益報酬率是顯示股東投資效率的指標

配息是股票投資的成果之一，將每股配息（期中、期末合計）除以股價所求出的**股息殖利率**，是股東的期望收益率（股東資金成本）指標中，較為著名的一項。

舉例來說，股票市價為200日圓的企業，如進行每股5日圓的年度配息，則股息殖利率為2.5%（5日圓÷200日圓），投資者會將這項比率與存款利率及公債殖利率做比較，來判斷要投資於何者。日本企業由於較傾向於採取**定額配息**的方式，即使股價下跌也會維持一定金額的配息，所以股息殖利率也會較高，尤其是在股價下跌時，這種現象會更為顯著。但是此時投資者不能只用股息殖利率當做是否買進股票的判斷依據，應該要詳加思考股價下跌的真正原因。舉例來說，依據股息殖利率指標，業績與股價相對安定的電力股雖然是值得買進的代表類股，但受到現今原本在日本各地區各自呈現獨占狀態的電力事業走向自由化的影響，在做投資判斷的時候必須更謹慎地考量才行。

此外，顯示股東投資效率的指標則有**股東權益報酬率（ROE）**，其計算方式是**每股盈餘（EPS）÷每股淨值（BPS）**。股東權益報酬率愈高，表示股東的資金愈是被有效地運用，因此對股東而言，股東權益報酬率高的企業可以說是值得投資的企業。而企業為了強調對股東的重視，也出現了表明以股東權益報酬率為經營目標的案例。

與股東權益報酬率相似的指標還有**股票收益率**，這是將每股盈餘除以股價所得出的比率（譯注：即本益比的倒數，顯示投資股票的報酬率），但要注意計算這項比率時使用的分母與計算股東權益報酬率時是不同的。比較長期公債殖利率與市場平均**預期股票收益率**的差異（**殖利率利差**），可以做為計測債券與股票何者較能吸引投資的指標（請參照右頁圖表）。

具代表性的股票投資相關指標（之二）

$$\text{股息殖利率（\%）} = \frac{\text{配息（期中、期末）}}{\text{股價}}$$

建議 股價低但股息殖利率高時，要進一步詳細了解造成低股價的原因。

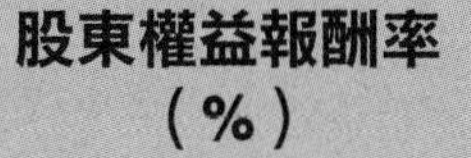

$$\text{股東權益報酬率（\%）} = \frac{\text{每股淨利}}{\text{每股淨值（業主權益）}} = \frac{\text{EPS}}{\text{BPS}}$$

（ROE：Return On Equity）

建議 ROE高的話，可以判斷出股東的投資報酬率提升。

淨值的帳面價格

淨值的帳面價格

$$\text{股票收益率（\%）} = \frac{\text{每股淨利（EPS）}}{\text{股價}}$$

參考：長期公債殖利率－股票收益率＝殖利率利差
長期公債殖利率＞股票收益率（殖利率利差為正且差額大）時，投資債券較為有利。比較個股的股票收益率與市場平均的股票收益率，就可以判斷個股的市價是否被低估或高估。

8-5 股價與股票投資指標的關係為何？

必須將投資指標歸納成一個體系來理解

所謂財務槓桿，是指運用負債來提高收益性

本章節要來整理一下股票投資指標之間的關連性。

其中較為人所知的是**股價＝每股盈餘（EPS）×本益比（PER）**，透過這個公式，可藉由本益比求出股價將會達到每股盈餘的幾倍。另外，也可藉由這個公式，在預期收益將會增加的前提下，求算出收益增加後可能的每股盈餘，再將每股盈餘乘上本益比之後，便可推估公司在收益增加之後，股價將會變為多少。

以下用具體的數值加以說明：假設在每股盈餘為10日圓、本益比為20倍時買進A公司股票，此時A公司的股價應為200日圓（10日圓×20）。這時，如果預測A公司未來的EPS將增加為12日圓的話，那麼股價就有可能再上漲到240日圓（12日圓×20）。

股東權益報酬率（ROE）可以分解為**總資產報酬率**（ROA）與**財務槓桿**（financial leverage）。財務槓桿（1÷自有資本比率）顯示出可藉由增加負債比例（降低**自有資本比率**）的方式，來提高股東權益報酬率。英文Leverage意即「槓桿」，意即如果把負債當做「槓桿」靈活運用的話，股東權益報酬率就會隨之上升，如此一來，企業對投資人的吸引力也將大為提高，股價也會隨之上漲，而這也正是企業在運用財務槓桿時所描繪出的遠景。這種效果稱為**槓桿效果**。但在這裡應該要留意到，一旦企業增加負債就會相對地使財務安全性降低、調度資金的利率隨之提高，收益也會因而減少。

為了產生槓桿效果，企業必須將借款投入總資產報酬率、也就是收益性高的事業，使收益足以承受利息負擔，進而達成增加實質收益的目標。另外，股東權益報酬率×每股淨值＝每股盈餘的計算式所呈現的關係也說明了，如果股東權益報酬率提高就會使每股盈餘上升，進而帶動股價上漲。

股票指標之間的關係

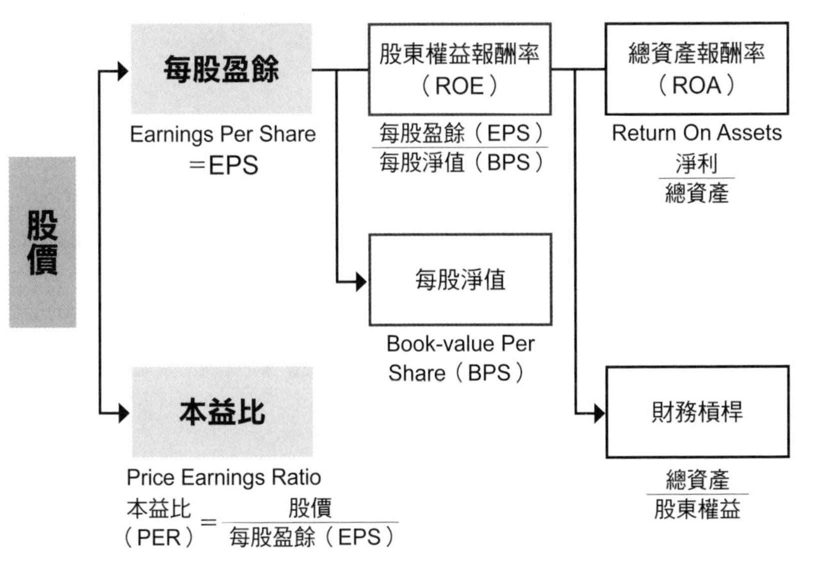

股東權益報酬率與財務槓桿

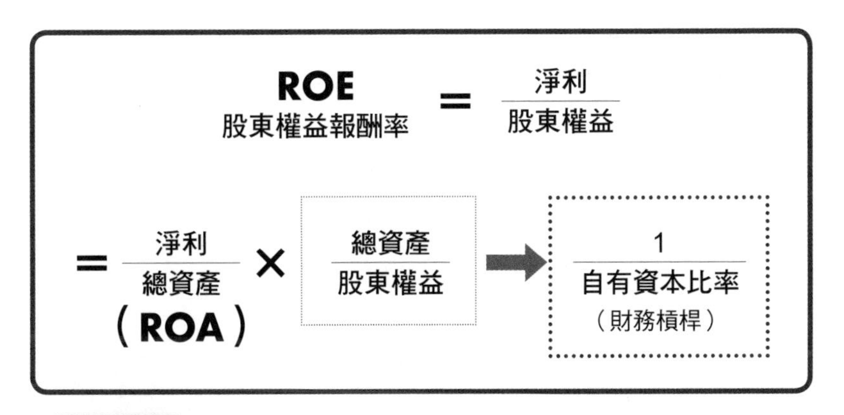

Point

提高總資產報酬率（ROA），或是提高財務槓桿有效運用負債，都會讓股東權益報酬率（ROE）上升。

專欄：提升經營力講座⑧

投資風險與財務指標彼此的關係

雖然投資股票、公司債等有價證券可能會造成損失，但這並不是絕對的，這無法確定的部分（具不確定性）稱為**投資風險**。這個概念可能有點難以理解，不過本文中所提到的風險並非指「危險」，而是指「**不確定性**」。進行投資時，造成損失的不確定性較大時，我們稱之為「高投資風險」。一般而言，會產生損失的可能性被稱為**損失風險**，其他例如因破產或債務不履行，造成應收貸款與應收帳款無法收回的情形則稱為違約，違約風險也是一種典型的投資風險。

此外，不只有損失會被視為投資風險，投資如果無法達到原先期望的報酬，也算是一種投資風險。例如運用年金和人壽保險等資金進行投資，卻無法達到預期獲利而造成問題；以及個人投資者無法在股票投資等方面達到**預期報酬率**時，都屬這類案例。

然而，以上這些投資風險與財務指標之間又有什麼關係呢？接下來以投資的計數感來加以說明。

因破產與債務不履行，而使本金與利息無法回收的違約風險中，較為人知的判斷指標是**安全性**指標。藉由分析資產負債表，可得到的指標包括流動比率（參見P51）、速動比率（〔速動資產÷流動負債〕×100。關於速動資產請參見P51）、固定比率（參見P51）、固定長期適合率（參見P51）等指標。此外，從損益表上也可觀察出，公司負擔利息能力的利息保障倍數〔（稅前淨利＋利息收入、股息）÷利息支出〕（參見P95）與借款對每月銷貨淨額倍率（借款總額÷每月銷貨淨額）（參見P95）等指標。而利用現金流量的概念，來考量公司債務償還期間的債務償還年數（有息負債÷每年現金流量）（參見P95），則是最近經常使用的指標。營建業、不動產、紡織業等業種，由於債務償還年數多半超過二十年，經常會出現有息負債的負擔過重的問題。

而在判斷該項投資能否達到投資者的預期報酬率（收益性）的風險性（不確定性）時，必須考量兩項主要因素。第一項是費用結構對獲利所造成的影響，此稱為**事業風險**。第二項是因負債所產生之利息支出對獲利造成的影響，此稱為**財務風險**。

事業風險的大小，會受固定費用、變動費用的結構影響。固定費用較高的企業和變動費用率（變動費用÷總銷貨額）（參見P168）較高的企業，**損益平衡點比率**（參見P168）也比較高，一旦銷貨額略為下降，即有陷入赤字的可能性。因此，若能降低固定費用和變動費用所占比率，損益平衡點的銷貨額也會隨之下降，就可以降低陷入赤字的事業風險。也就是說，費用結構決定了事業風險的大小。

$$\text{損益平衡點的銷貨額} = \frac{\text{固定費用}}{1-\text{變動費用率}} = \frac{\text{固定費用}}{\text{邊際利益率}}$$

$$\text{損益平衡點比率（\%）} = \frac{\text{損益平衡點銷貨額}}{\text{實際銷貨額}}$$

財務風險的大小，可藉由**自有資本比率**（自有資本÷總資本）與**負債權益比率**（負債÷業主權益）來判斷。自有資本比率愈低（即負債權益比率愈高），利息負擔就會增加，對獲利也會帶來負面的影響。如前文所述，為了使借款能起正面作用，讓財務槓桿能有效運作，以達到提高股東權益報酬率（ROE）的效果，必須將借款投入高總資產報酬率（ROA）的事業，關於這一點，請再參照前文第一四二頁的內容。而在其他方面，投資風險的大小也會受到經濟環境與市場的威脅程度（**五力分析**，請參照第二十六至二十八頁）、業界狀況等外界環境因素左右。

第三部分

學習可運用於事業計畫的計數感

給要成為經營者的人

第9章

什麼是事業計畫所需的公司整體觀點計數感

9-1 將股東權益報酬率當做經營目標會有什麼問題？

9-2 認識總資產報酬率分析法與使用限制

9-3 什麼是剩餘利益？

9-4 要如何提升企業價值？

專欄：提升經營力講座⑨ 要從四個要素來考量經營策略

9-1 將股東權益報酬率當做經營目標會有什麼問題？

股東權益報酬率是身處經營現場的人難以掌握的指標

總資產報酬率和總資產周轉率等較適合做為經營現象的目標

從計數的觀點來看企業經營，無非是要「有效活用資金以增加資金」。從這個觀點來更進一步思考，一個好的經營目標，要能夠分析出企業所投入的資金（這被稱為資產）是否已有效運用於事業上。舉例來說，**總資產報酬率**（ROA，經常利益÷總資產）與**股東權益報酬率**（ROE，當期淨利÷業主權益）都是設定經營目標時會用到的指標，有時也會用**當期淨利和營業收益做為總資產報酬率計算式中的分子**。總資產報酬率所呈現的是總資產的運用程度，而股東權益報酬率則是顯示股東權益的運用效率。對於接受投資者出資來創業的創投企業和上市企業而言，由於這類企業的經營方式傾向重視股東，因此自然特別重視股東權益報酬率。然而，如果單以這項指標做為經營目標，卻會出現下列問題：

第一，當期淨利的金額，會受到該企業採用的會計方法所影響。例如在折舊費用方面，採用定率遞減法或直線折舊法，會讓所提列的折舊費用金額出現差異，而當期計算出的收益結果也就有所不同。

第二，**買回庫藏股**會讓股東權益減少，企業可藉由這種方式暫時地提升股東權益報酬率。然而，當企業真正有效地運用股東資本時，股東權益報酬率的表現應是能隨著時間推移而提升。

第三，以認列資產出售收益與未實現利益來累積當期淨利，也會暫時提升股東權益報酬率。但是，這種創造暫時性收益的策略並無法長期維持，因此就中期來看，反而會導致總資產報酬率與股東權益報酬率的下降。

第四，股東權益報酬率是身處經營現場的人難以掌握的指標。我們難以掌握要進行何種經營活動才會提高股東權益報酬率，因此，即使企業仍以股東權益報酬率做為全公司的經營目標，但實際在經營現場上，卻會使用總資產報酬率和總資產周轉率等以資產為判斷基準的指標。

以股東權益報酬率（ROE）做為經營目標會產生的問題

❶當期淨利的數值會因為採用不同的會計處理方法而受到影響。
❷企業可能利用買回庫藏股的方式減少業主權益，藉以暫時提升ROE。
❸企業可以認列資產出售收益與未實現利益、或經營多項低收益事業的方式來累積當期淨利，以暫時提升ROE。
❹身處經營現場的人難以掌握要進行何種活動才能提升ROE。

股東權益報酬率（ROE）與總資產報酬率（ROA）的關係

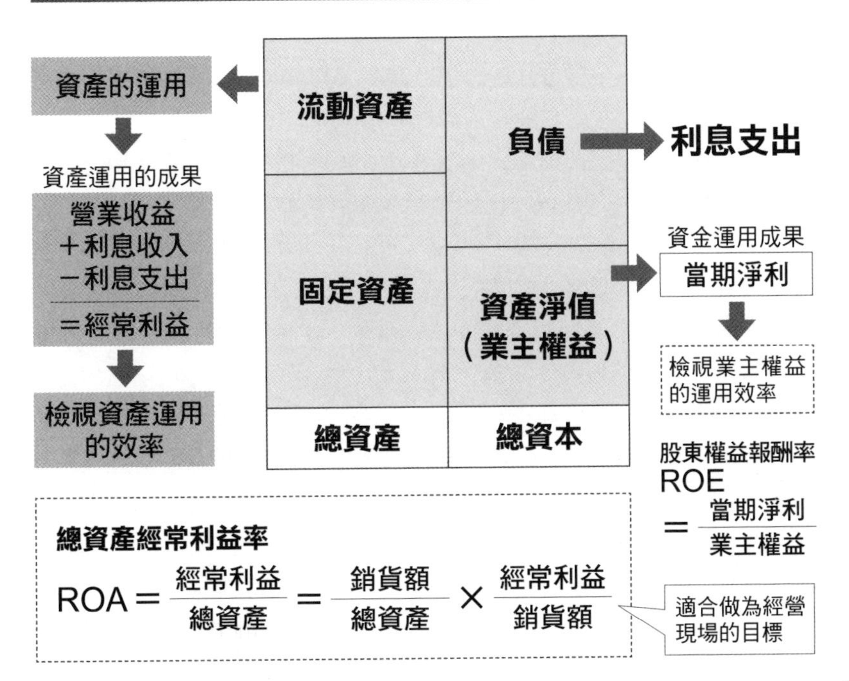

9-2 認識總資產報酬率分析法與使用限制

要從兩個方向來思考總資產報酬率

總資產報酬率在不同業種之間的比較不具太大效果

從總資產報酬率（ROA，收益÷資產）中可以了解到，使用資產（所投入的資金）後會以何等效率產出收益。如果要提升ROA，可從提升**銷貨額收益率**（收益÷銷貨額）與提高**資產周轉率**（銷貨額÷資產）這兩個方向著手。

從提升銷貨額收益率方面著手，表示要採取**高附加價值策略**。具體而言，包括提供獨家產品、加強品牌行銷，以及重視服務與接待顧客的銷售方式等。然而在進行這些活動時，也會再度出現新的問題。舉例來說，如果企業重視與客戶的應對，便會花較多時間在說明上，銷售商品時也會更加耗費時間。其結果將造成存貨周轉率降低，這對總資產周轉率也會造成負向的影響。

另一個提升ROA的方法則是提升資產周轉率，以**低價策略提升銷貨額**即是典型的例子。低價速食店與家電量販店等推行低價銷售活動時，資產周轉率雖然會因此提高，但並不會造成銷貨額收益率的大幅上升。而低價銷售的策略如果成功，將會提高資產周轉率， ROA也會隨之提升。

接下來，讓我們來思考以ROA這項指標做為經營目標的**使用限制**。在成衣與軟體研發等勞力密集的企業當中，「人」的貢獻度較高，因此在ROA計算式「收益÷資產」的分子（收益）當中包含了「人」與「物」所產出的成果，但分母（資產）卻只採計企業投入的「物」。如此一來便會讓這類企業的ROA有偏高的傾向。而汽車、電機製造商等資本密集的企業，因為其總資產金額較高，相對地ROA較低。因此，ROA雖然會被使用在同業種之間的比較上，但在不同業種之間的比較方面，ROA這項指標並不具有太大的效用。

提升總資產報酬率（ROA）的兩個方向

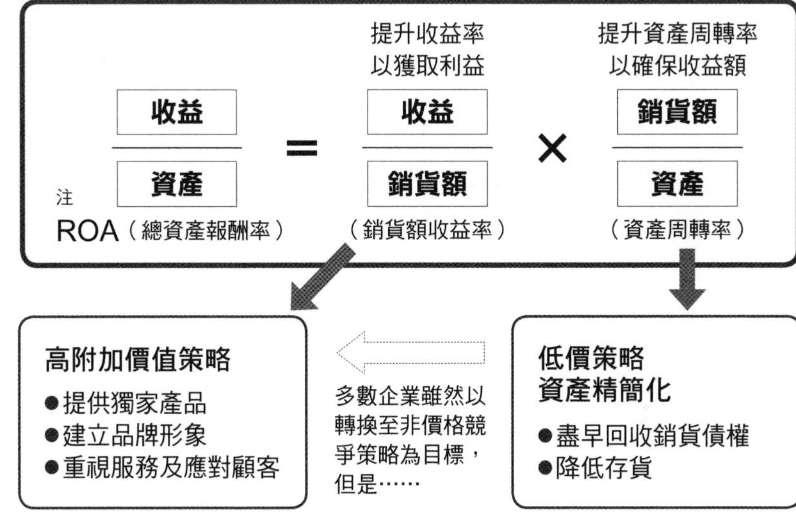

注：會使用經常利益、營業收益、當期淨利等做為ROA的分子。

總資產報酬率（ROA）的使用限制

並未將「人」的效率計算在內

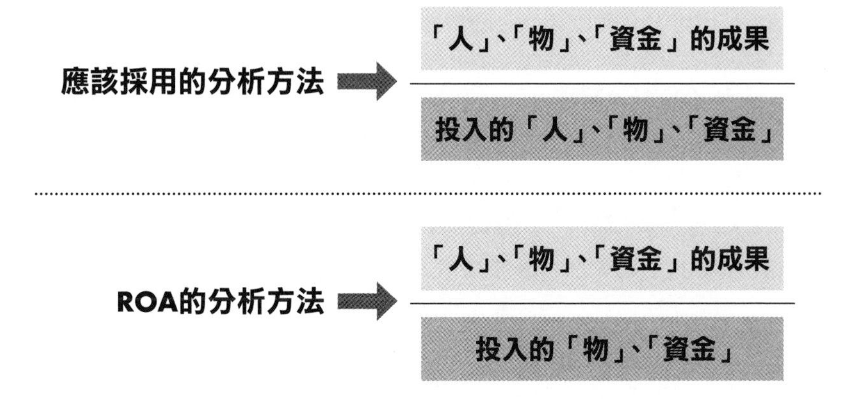

●勞力密集的企業，分子中包含的生產成果金額相對較高，所計算出的ROA會有偏高的傾向。

9-3 什麼是剩餘利益？

剩餘利益是扣除所負擔之資金成本後剩下的利益

如果沒有產出超過資金成本的利益，即表示該企業未有成長

剩餘利益是指企業在扣除所負擔之資金成本後剩餘的利益，而**資金成本**則是對資金調度對象付出的對價。負債的資金成本是利息，而股東權益的資金成本則是將配息與升值收益合計後所得出的期待收益。然而，剩餘利益是以「**營業收益－稅金－資金成本**」的方式來計算，其中考量到的不只是利息，還包括股東權益的資金成本，而這正是剩餘利益的特徵所在。意識到資金成本，便能夠了解到：企業所產出的利益如果沒有超過資金成本的話，就表示該企業並未成長。

可以將企業所投入的資本想成是有息負債加上股東權益的合計數。在計算資金成本率方面，可採以有息負債的利息與股東的期待報酬率計算出的**加權平均資金成本率（WACC）**（譯注：加權平均資金成本率的簡易計算法為：｛（投入資金×股東權益要求之報酬率）＋〔借款金額×借款利率×（1－稅率）〕｝÷（投入資金＋借款金額））。由於資金成本中也包括了利息，因此在計算時所採用的營業收益是未扣除利息的金額。重點是，剩餘利益如果為正數，則表示「**企業產出了超過債權人與股東所要求利益的剩餘利益，而提高其企業價值**」。但如果總資產報酬率（ROA）超過加權平均資金成本率，剩餘利益便會是正數，這一點也是需要注意之處。

以往在考量資金成本時，只會考慮到有息負債的利息，在這種觀念之下，如果公司的總資產報酬率高於利率時，就會認為該公司是賺錢的。但如果不將股東權益的資金成本考慮在內，前述的情況實際上可能並未獲利。

此外，高風險事業的資金，不只是從金融機關取得融資，也必須以其風險性為前提，以股東權益的形式調度資金。由於對投資者而言，所

謂的股東權益並未保障其本金，投資者負擔著相當大的風險，也就會要求較高的期待報酬率，其結果將導致加權平均資金成本率上升。因此今後的經營趨勢，有必要朝向能超過加權平均資金成本的高總資產報酬率策略方向發展。

剩餘利益的概念

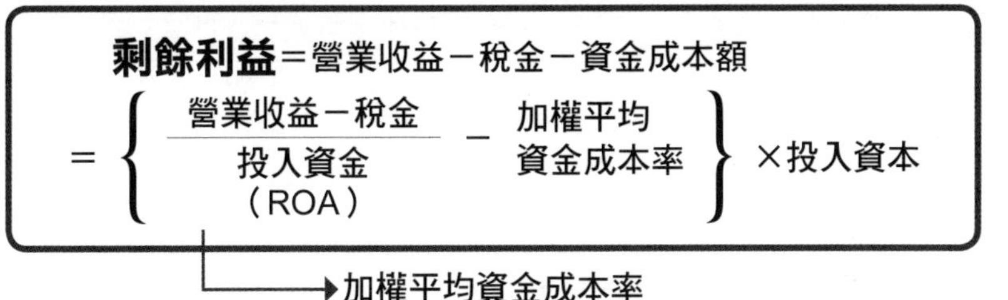

加權平均資金成本率
（Weighted Average Cost of Capital：WACC）的計算

以發行股票募得20億日圓，向銀行借款10億日圓的方式調度資金時，加權平均資金成本率是多少？股東的期待報酬率為15%、借款利率4%、稅率50%

$$\frac{(20\text{億日圓} \times 15\%) + [10\text{億日圓} \times 4\% \times (1 - 50\%)]}{(20\text{億日圓} + 10\text{億日圓})} \fallingdotseq 10.7\%$$

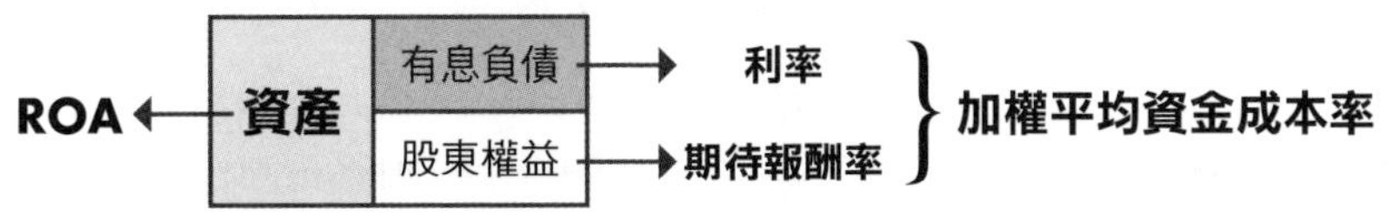

注：剩餘利益和經濟利益、經濟附加價值的概念相同。

增加剩餘利益的對策

使剩餘利益增加的對策

❶提升ROA→減少設備等緊縮存貨、銷貨債權
❷資金成本率的下降
❸退出或出售「資金成本率＞ROA」的事業
❹集中經營或加入「ROA＞資金成本率」的事業

9-4 要如何提升企業價值？

欲提升企業價值就要思考如何增加自由現金流量

若企業價值未提高，企業也有可能被收購

企業價值被認為是企業產生的未來**自由現金流量**（FCF）的合計總數。當企業有所成長時，未來的自由現金流量也會增加，企業價值亦會隨之提升。不過未來自由現金流量的合計總數，並不是單純的加總合計，而是以加權平均資金成本率計算出現值，再加以合計而成。

舉例來說，如果預期某企業連續五年，每期會有一億日圓的自由現金流量，假設加權平均資金成本率固定為5%，那麼這五年間的自由現金流量現值合計即為4.31億日圓，而這就是這家企業的**企業價值**。再從中扣除**有息負債**，就可算出顯示股票市價總額的**股東價值**。企業價值的增加會提高股東價值，將使相當於每股股東價值的股價上漲。

而在最近，股價不高但累積大量現金與銀行存款、屬流動資產之有價證券（兩者合計即為短期流動性指標）的企業，會成為其他企業優先進行收購的對象。企業可透過減少配息等策略來保有資產的短期流動性，然而這種方法固然能提高財務的安全性，卻無法增加未來的自由現金流量，因此會傾向收購前述的低股價但有高度短期流動性資產的企業，自行有效活用這些短期流動性資產，以提高本身的企業價值。相對而言，企業在防止被收購的對策上，必須採取「提高企業價值、提高股價」的觀點。

而對於擁有多項事業的企業，若能依不同事業個別預測其未來的自由現金流量，計算出合計的現值的話，也能夠從中推算出個別事業的價值（事業價值）。進行推算時的重要前提是，各事業的資產負債表與現金流量表必須是清楚明確的。

現金流量與企業價值

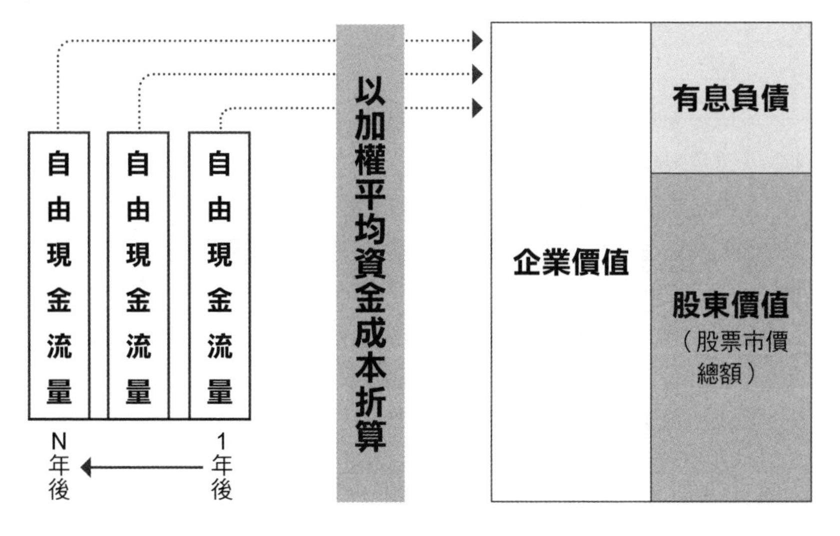

現在價值的計算

	第0年	第1年	第2年	第3年	第4年	第5年
加權平均資金成本率5%		自由現金流量 1億	自由現金流量 1億	自由現金流量 1億	自由現金流量 1億	自由現金流量 1億
		折算成現值				
現值係數		0.952	0.907	0.863	0.822	0.783
現值合計 4.31 億	←	**0.95**	**0.9**	**0.86**	**0.82**	**0.78**

第一年的現值係數＝1÷（1+0.05）＝0.952
第二年的現值係數＝$1 \div (1+0.05)^2$＝0.907
⋮　⋮

使本業賺取的營業收益有所成長是基本原則

為了提高企業價值，就必須使未來的自由現金流量（FCF）的合計現值增加。而對於這個課題，可以從計算自由現金流量的一般公式來加以思考。

求算自由現金流量的公式為「**營業收益－法人稅等＋折舊費用－增加的營運資金調度額－投資額**」。

以這個算式為基準試想提高自由現金流量的方法。首先是①，使本業賺取的營業收益有所成長。為此，必須洞察能夠發揮企業強項的本業為何，並確實將資源集中於此。而更積極的策略，則必須藉由開拓新產品與新市場等，進行戰略性的經營。

其次是②，減少營運資金的調度額。為此，要將重點放在存貨與銷貨債權上。雖然增加購貨債務（應收帳款、應收票據）也是一個有效的方法，但從加強與廠商之間關係的觀點來看，企業間必須建立適切的交易關係，因此這並非被期望的做法。

此外③，以降低加權平均資金成本率（WACC），進而提高自由現金流量現值的方法也是有效的。因為股東權益的資金成本比負債的資金成本高，減少股東權益的話就能降低加權平均資金成本率。而買回庫藏股和增配股息（譯注：使用保留盈餘來配發現金股息時，會使股東權益減少），則是有效減少股東權益的方法。

而需要特別注意的則是投資活動。④投資活動雖然會減少自由現金流量，但請留意這對未來營業收益而言並非負面要素。此外，出售土地和設備等資產，雖然也能夠增加自由現金流量，但終究只能期待它帶來的暫時性效果，結果還是要端看出售資產所獲得的資金是如何被運用在本業上。

自由現金流量的一般定義

自由現金流量

＝營業收益－法人稅等＋折舊費用

－營運資金調度額的增加（減少時則是加上）

－新投資額（回收投資時則是加上）

注：營運資金調度額＝（銷貨債權＋存貨）－購貨債務

為增加企業價值的方法

❶使本業的獲利，即營業收益成長

❷減少存貨與銷貨債權

❸降低加權平均資金成本率（WACC）

❹藉由事先進行投資，增加未來的營業收益

專欄：提升經營力講座⑨

必須從四個要素來考量經營策略

經營策略是企業為了成長所訂定的經營方向性與架構。經營策略的訂定必須考量到四個要素，分別是**①策略領域、②經營資源的推展、③競爭優勢、④綜效**。理解這四個要素，進一步組合運用它們並同時規劃企業成長的策略，就是所謂的經營策略。

①策略領域：是指事業領域（商戰領域）必須明確決定要以何種事業在商場中一決勝負。為了決定策略領域，企業要將顧客、需求、以及該企業的特有能力考量在內，以定義自身的策略領域。例如，某企業將其事業定義為「以地區裡的高齡者為對象，能夠因應他們需求的宅配食材與日用品的食品銷售業」。百貨業與綜合超市等綜合型態的業種，在業績上出現下滑的傾向，或許正是由於採取了不明確的綜合經營目標，導致策略領域曖昧不明之故。

②經營資源的推展：是指檢討應將人、物、資金等經營資源投入何種事業（領域）。安索夫（譯注：1918～2002，美國管理學者，策略管理之父）的產品／市場矩陣分析，便是用來幫助思考經營資源配置的有效方法。此分析是把產品和市場（顧客）想成四個象限的矩陣，思考要使企業成長的話應該讓該公司進入哪個象限。在國內市場成熟後，便投入海外市場的**新市場開發策略**，這是經常使用於跨國企業的成長策略。相反地，也有結束對海外的發展，集中在國內市場和特定區域發展的策略。**新產品研發策略**必須在研發新產品上必須投入許多資金，但多數企業仍往這個方向發展。而**多角化經營策略**是對新顧客推銷新產品的策略，由於風險較高，會以收購既有企業的形式進行。集中主力在某些產品、服務與顧客上，深耕市場的**市場滲透策略**，則是常見於中小企業或老字號的企業，因為這類企業會發揮它們的專業性，將其事業專門化。

③競爭優勢：是指在因應市場需求或成本上，較其他公司具

有更為優異的能力。比如在網路上大量銷售電腦的電腦製造商，由於電腦的量產效果實現了降低成本的目標，而能夠發揮在價格上的優勢並有所成長。而在因應市場需求面發揮優勢的例子中，也有在速食市場中開拓如餐廳級精緻漢堡這種高附加價值產品的事例。

④**綜效**：是指推展經營資源時產生的相乘效果。藉由發揮綜效，可減少促銷成本、生產成本等費用，進而能夠使事業往有利的方向發展，這也被稱為**範疇經濟**。舉例來說，飯店管理業者發揮其飯店營運方面的專門知識，接受其他公司的飯店委託營運，由此便能將專門知識直接導向收益。此外，為推動網路銷售，同時設立實體店舖來進行商品銷售業務並接受付款，這種虛擬實體並存的業態，也是以綜效為策略發展目標的例子。

安索夫的產品／市場距陣分析

	既有產品	新產品
既有市場	市場滲透策略	新產品研發策略
新市場	新市場開發策略	多角化經營策略

第10章

與損益平衡點分析相關的計數感——損益變動表

10-1 損益平衡點分析包括哪些必要項目？

必須將費用拆解成變動費用與固定費用

將變動費用與固定費用依會計科目分類加以檢討

先找出損益為零時的銷貨額，也就是**損益平衡點（BEP）銷貨額**，再進而分析損益結構的手法，稱之為**損益平衡點分析**。

求算損益平衡點銷貨額時，必須將費用分為**變動費用**與**固定費用**，需分辨的項目為銷貨成本、銷售費用與一般管理費。

此外在實務上，營業外費用被視為固定費用，而營業外收益則是固定費用的減項。

變動費用是指依據生產與銷售活動之比例而產生的費用。製造業中的變動費用包括材料費、外包加工費、動力費（譯注：工廠機器運作時所使用之電力費、燃料費、水費、瓦斯費等能源費用）等；在零售業與批發業等業種，還包括了商品進貨額、運輸配送費用、銷售手續費等。變動費用的特徵在於，它顯示了從外部買進的服務與物品的對價（參見P106）。

固定費用則是無關銷售及生產活動而發生的定額費用（參見P106）。在製造部門與軟體研發部門，折舊費用、契約租賃費用、租金等設備費用及勞務費用，幾乎都屬於固定費用。

而在物流業，銷售人員的薪資等人事費用、折舊費用、土地房屋租金等也都屬於固定費用。而廣告費用與交通費等費用同時兼具變動費用與固定費用的要素，此時會將此類費用中變動費用的比例約略估計在40%左右，而將費用金額的40%歸類到變動費用中。

實務上在進行固定費用與變動費用的分類時，會先掌握應該歸類至變動費用中的會計科目。這是因為要歸類到變動費用的會計科目數量較少，且多半是可以確實掌握內容的費用。至於剩下的會計科目，建議直接將其視為固定費用，因為對這些費用內容做詳細分析，不僅耗時費力，且分析出的結果相較於直接把它當做固定費用，也不會出現太大的誤差。重要的是，對於費用中金額較大的部分，要經過確實思考之後再加以分類。

掌握變動費用與固定費用

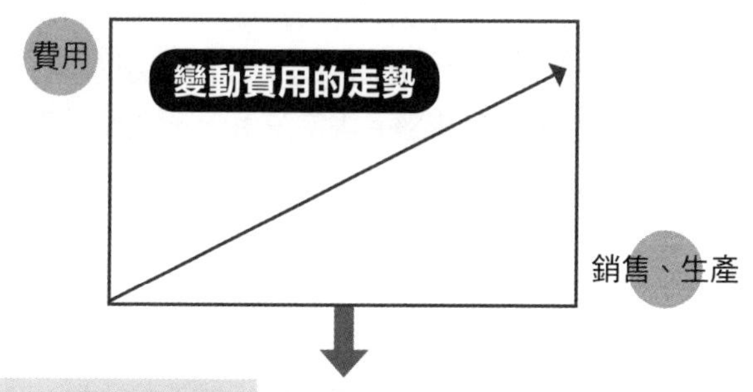

製造部門、軟體研發部門	材料費、外包加工費、動力費
服務、物流（批發、零售）	商品進貨額、運輸配送費用、銷售手續費

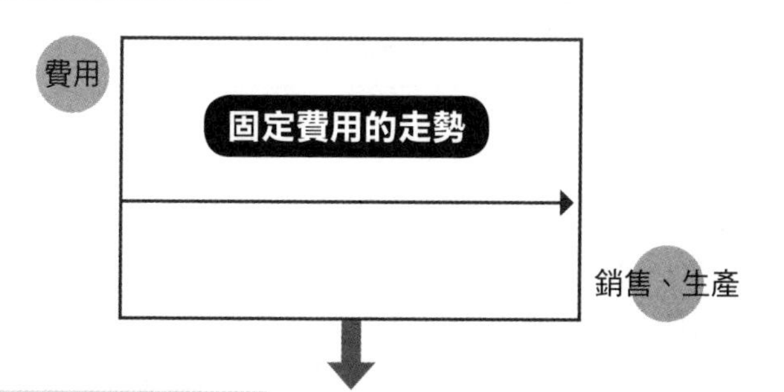

製造部門、軟體研發部門	工廠的折舊費用、契約租賃費用、勞務費
服務、物流（批發、零售）	銷售人員等人事費用、店鋪等的折舊費用、土地房屋租金

Point

❶依據會計科目不同掌握變動費用和固定費用。
❷營業外費用被視為固定費用，營業外收益則是固定費用的減項。

損益平衡點分析，是以短期分析為前提

一旦變動費用與固定費用確定之後，便能夠從中掌握到損益平衡點銷貨額。在損益平衡點銷貨額的計算過程中，邊際利益（銷貨額×邊際利益率；或銷貨額－變動費用）與固定費用將會呈現同向變動。寫成公式則如下所示：

損益平衡點銷貨額×邊際利益率＝固定費用

因此，可得出一般的損益平衡點銷貨額計算公式：

損益平衡點銷貨額＝固定費用÷邊際利益率

這裡要注意的是，要在下列幾項前提之下，才能使用這個公式做損益平衡點分析。

首先，在變動費用與銷貨額的變動成正比、且固定費用為固定金額的前提之下，這項分析會成為在**直線上的分析**。但實際上，如果銷售量大增的話，會出現進貨單價下降、邊際利益率上升的情形，而且實施促銷活動等，也會暫時地提高固定費用。因此，這項分析的第二項前提在於：使進貨單價等的變動費用與固定費用不致出現變化，並可以維持一定水準的銷貨額與生產量（這稱為**產能**）。第三個前提則是，由於我們僅能預估到**為期幾個月、最長不超過一年**的固定費用與變動費用，因此這項分析是以短期分析為其前提。

在將損益平衡點分析運用於收益計畫等方面時，要多評估幾個邊際利益率與固定費用的方案，並進一步模擬目標銷貨額與收益。

綜合以上說明，請了解損益平衡點分析不只是用來計算損益平衡點銷貨額，而是要進一步掌握費用、銷售量、收益之間的關係（**CVP分析**：成本—數量—利潤），並將之運用於各種決策上的經營管理手法。

損益平衡圖表

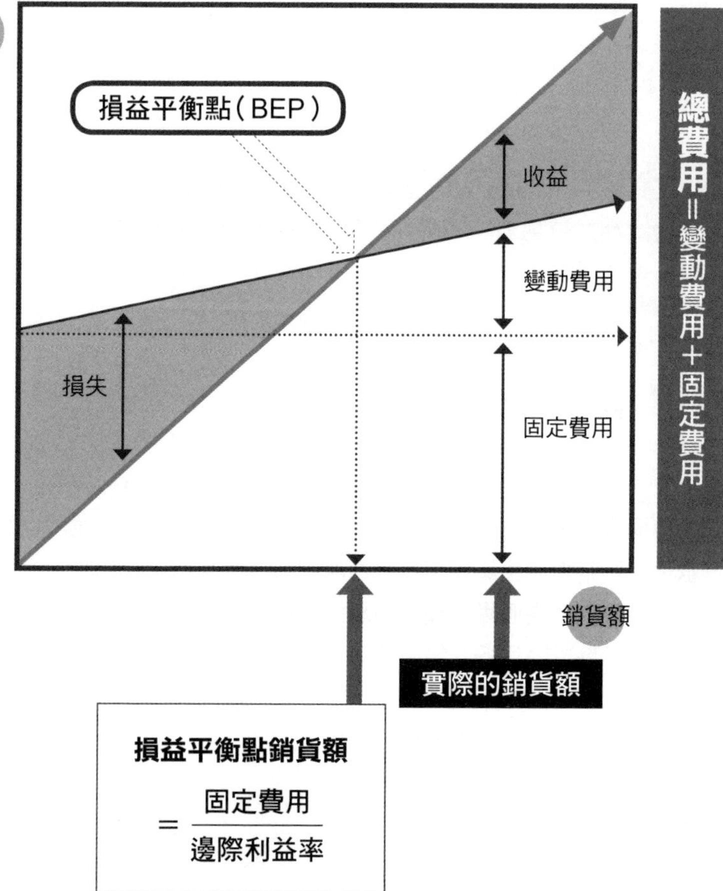

Point

❶以某個水準的產能以及幾個月至一年的短期分析為分析的前提，因此將其視為一種直線變動。
❷損益平衡點分析是為了運用於各種決策而產生的經營管理手法。

10-2 掌握損益平衡點分析的方法為何？

首先要掌握固定費用與邊際利益一致時的銷貨額

在安全邊際額之內的邊際利益全是收益

邊際利益這個概念在損益平衡點分析中是很重要的。舉例來說，假設一個霜淇淋的售價是300日圓，如果它的材料費是一個120日圓的話，邊際利益就是180日圓（300日圓－120日圓）。一般而言，邊際利益是以售價減掉變動費用的方式計算出來的。邊際利益對售價的比例稱為**邊際利益率**，以前述的霜淇淋例子而言，邊際利益率為60%（180÷300）。從另一方面來看，變動費用在售價中所占的比例為40%（120÷300），這個比例則被稱為**變動費用率**。

如果我們賣出兩個霜淇淋，便會產生360日圓（180日圓×2個）的邊際利益。每多賣出一個時所增加的收益，就是所謂「邊際」利益的原始含義。如果銷售霜淇淋產生的店舗租金、廚房設備的租金、人事費用等固定費用合計為一個月27萬日圓，那麼達到**損益平衡點時的銷售數量**為1,500個（27萬日圓÷180日圓），**損益平衡點銷貨額**便是售價乘上銷售數量後，所得出的45萬日圓（1,500個×300日圓）。

請參照右頁的邊際利益圖表，圖表的例子會在「固定費用為27萬日圓＝邊際利益27萬日圓（180日圓×1,500個）」時到達損益平衡點。損益平衡點時的邊際利益27萬日圓，相當於損益平衡點銷貨額45萬日圓×邊際利益率60%。因此，45萬日圓的損益平衡點銷貨額，可以用固定費用27萬日圓÷邊際利益率60%的計算式求出。

此外，假設實際的銷貨額為60萬日圓，60萬日圓－45萬日圓＝15萬日圓是超出損益平衡點的銷貨額，我們稱之為**安全邊際額**。安全邊際額是產生實際收益的銷貨額，安全邊際額15萬日圓×邊際利益率60%＝9萬日圓，即是該公司的收益。像上述這種**包含在安全邊際額之內的邊際利益，會全部成為公司的收益**。也就是說，對公司而言，重要的是要盡早突破損益平衡點銷貨額，才能開始賺取安全邊際額。

邊際利益圖表

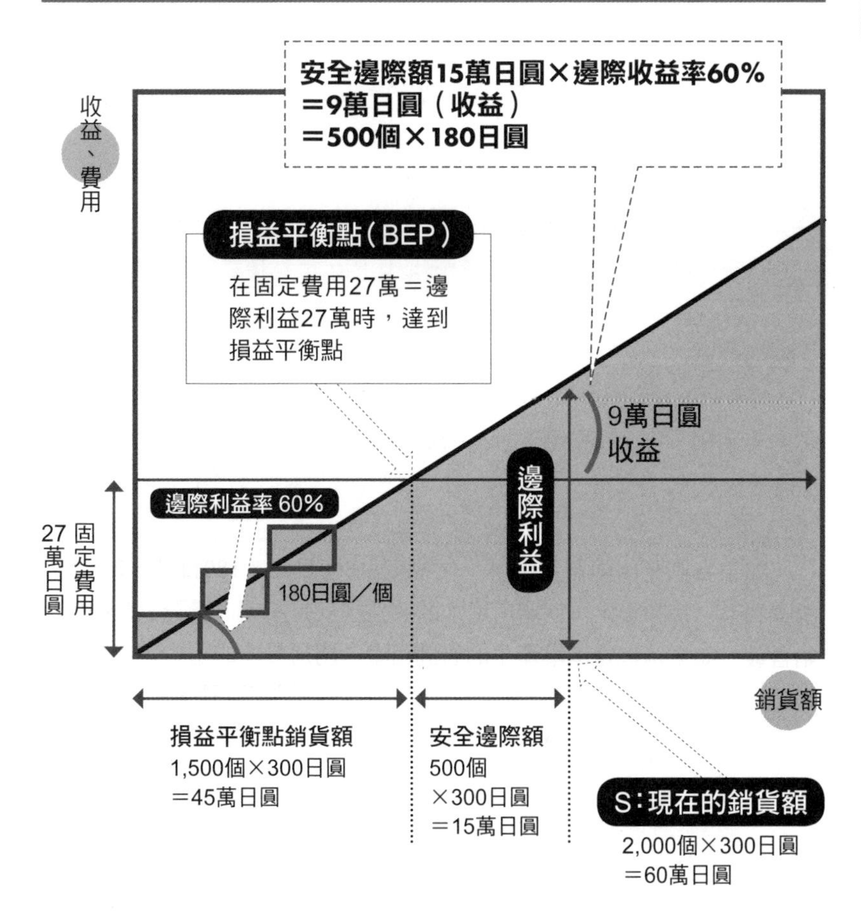

Point

❶盡早突破損益平衡點銷貨額，以擴大公司賺取收益的機會。
❷收益＝安全邊際額×邊際利益率。

10-3 如何降低損益平衡點比率？

透過考量對變動費用率、固定費用、邊際利益率造成的影響來降低損益平衡點比率

減少固定費用與變動費用率來提升邊際利益率

損益平衡點銷貨額占實際銷貨額的比例，稱為**損益平衡點比率**。產生收益時，損益平衡點比率會在100%以下，而收益愈高的企業這項比率就愈低。

一般有利潤的企業，損益平衡點比率會在80%至90%左右。此外，當損益平衡點比率為90%時，**安全邊際率**（安全邊際額÷實際銷貨額）就是10%。安全邊際率10%則表示，這家公司有10%的銷貨額在賺取收益。也就是說，如果公司每個月的營業日數是25日的話，那麼一個月當中就有2.5日在賺取收益，這項認知是相當重要的。而為了要賺取收益，就必須設法降低損益平衡點比率。那又要如何降低損益平衡點比率呢？

第一是要**減少固定費用**。除了減少交通費、交際費等製造費用之外，還包括藉由降低存貨來減少存貨持有成本、藉由改善公司的財務體質來減少利息支出等方法。採用業務委外的方式，使**固定費用轉為變動費用**也能降低固定費用。

第二是要**降低變動費用率**。一般會藉由集中與部分供應商的合作，增加向單一公司買進產品量的方式，來降低進貨單價。此外，減少以報廢原材料與商品為首的存貨損失、為減少物流費用而採行共同物流等措施，也能有效降低變動費用率。

第三是要**提升邊際利益率**。提高價格雖然是有效的做法，卻很有可能因此造成對該項商品的需求衰退，導致銷貨額減少。因此提高價格時不能只看短期發展，而是要與獨家商品的研發、以及品牌策略等相互結合，從中期進程的觀點來加以思考。在其他方面，例如隨產品提供維修服務等高邊際利益率的服務等，這些方法也常被當成提高邊際利益的策略加以實行。

損益平衡點與安全邊際率

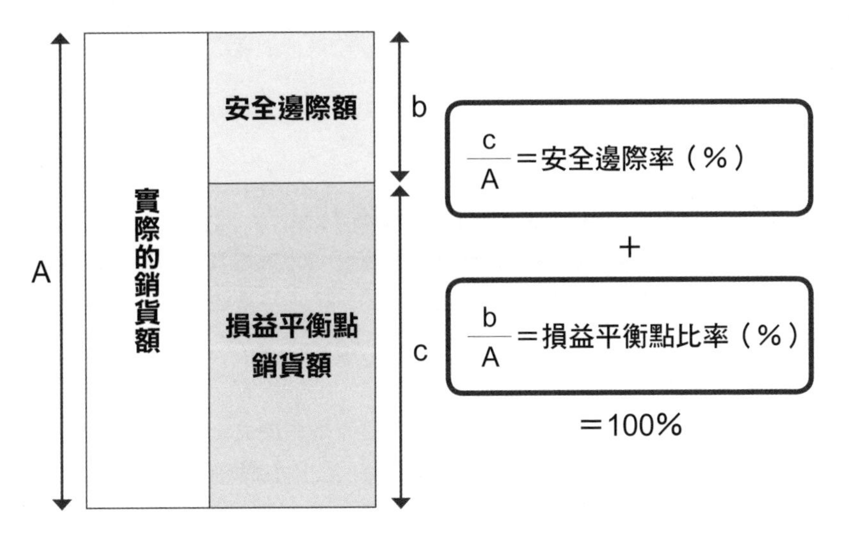

降低損益平衡點比率的對策

1 減少固定費用

❶減少製造費用
❷減少存貨維持成本
❸減少利息支出
❹藉由委外使固定費用轉為變動費用

2 降低變動費用率

❶使進貨單價下降
❷集中供應商
❸減少存貨損失
❹共同物流

3 提升邊際利益率

❶提高價格⇨但要注意可能會造成對該項商品的需求衰退
❷研發獨家產品與品牌策略
❸銷貨組合（與高邊際利益率的服務等組合銷售）

10-4 從損益變動表中可以得到哪些資訊？

可得知勞動分配率等附加價值分配比例

損益變動表的觀察重點在於邊際利益

將費用分為變動費用、固定費用編製而成的損益表，稱為**損益變動表**。損益變動表是從銷貨額中扣除變動費用以求算邊際利益，再從中扣除固定費用以算出經常利益的損益表。

損益變動表的觀察重點在於邊際利益。銷貨額是顧客所認同的產品服務價值，因此，從中扣除由外部購買而來的價值、也就是變動費用後，所算出的邊際利益便是顯示企業所產出的**附加價值**。經由損益變動表，可以分析出被稱為邊際利益的附加價值是如何被分配的。

那麼，邊際利益究竟是如何被分配的呢？邊際利益會分配在「人」（人事費用）、「物」（折舊費用與土地房屋租金）、「資金」（利息支出、經常利益）上。因此，邊際利益在被分配於上述各項固定費用之後，所剩下的便是經常利益，再從中支付股東配息與董監事酬勞。接下來就要從這個概念出發，來思考什麼是好的分配比例。

邊際利益被分配在人事費用的比例稱為**勞動分配率**，平均而言勞動分配率會占邊際利益的50%。但是，如果邊際利益減少，勞動分配率便會逐漸上升，如此一來，之後便不得不減少設備租金與折舊費用等對「物」的分配，也會使設備投資等變得更加困難。在需要使用大量固定資產的製造業等業界中，這種情形會減弱企業未來產生邊際利益（附加價值）的力量。

此外，邊際利益分配於經常利益的比例稱為**資本分配率**。如果有20%以上的邊際利益被分配使用於此，將會強化企業的財務體質，可以獲得今後企業成長所需的資金。

勞動分配率占40%、人事費用以外的固定費用占40%、資本分配率占20%則是理想的邊際利益分配比例。（編按：附加價值的提升與分配參見P38、P39）

從損益變動表中可得到的資訊

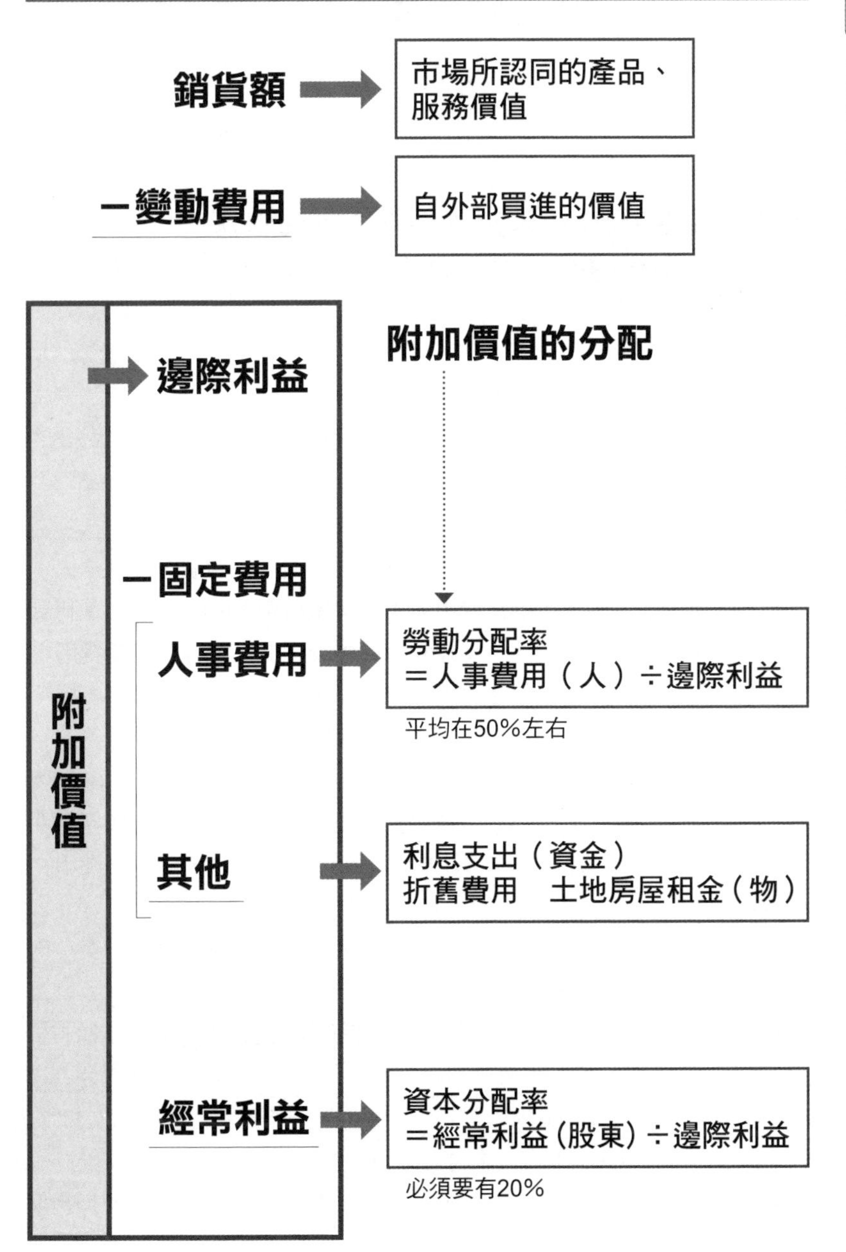

10-5 什麼是CVP敏感度分析？

可模擬在銷售數量、單價有所變動時所造成的影響

透過變更編製條件來預測不同的損益情況

CVP（成本—數量—利潤）分析會使用於分析費用、銷售量、收益之間的關係，而前文所提到的損益變動表與損益平衡點分析都是CVP分析的手法之一。應用這些分析法，可以預測銷售數量與銷售單價等的增減，會對收益帶來什麼影響（**敏感度分析**）。

以右頁A產品的銷售實績為基準，來考量下期的銷售計畫。將銷售數量從8萬個提高10%至8萬8,000個時，預期銷貨額將會成長10%達到2,640萬日圓，經常利益也將從原本的240萬日圓成長至384萬日圓，成長率達60%，但邊際利益率並沒有出現變化。

以成長10%後的銷貨額2,640日圓減去損益平衡點銷貨額2,000萬日圓，安全邊際額為640萬日圓。這640萬日圓當中有邊際利益384萬日圓（640萬日圓×60%）會成為經常利益。

相較於上述的情形，如果只將銷售單價從原來的300日圓提高10%到330日圓，情況又會如何呢？此時銷貨額仍會成長10%達到2,640萬日圓，但經常利益卻會有480萬日圓，較上一段將數量提升10%時更高。原因在於，在銷售單價提高10%的情況下，邊際利益率將會上升到63.6%之故。

當安全邊際額為755萬日圓（2,640萬日圓－1,885萬日圓），其中有480萬日圓（755萬日圓×63.6%）的邊際利益會成為經常利益。整理之後會發現，**上述兩種方法中，經常利益的差額就是邊際利益的差額**。提高數量（增加8,000個）只會使邊際利益增加144萬日圓（每個產品的邊際利益是180日圓×8,000個）；但是提高銷售價格卻能使所增加的240萬日圓（30日圓×8萬個）直接成為邊際利益。

從上述的做法可知，藉由變更損益變動表的編製條件，可預期短期的損益變化，這對訂定預算等決策會有相當大的助益。

CVP敏感度分析例

A產品的銷售實績	當期實績	銷售數量提高10%	銷售單價提高10%
銷售單價（日圓）	300日圓	300日圓	330日圓
銷售數量（個）	8萬個	8萬8,000個	8萬個
銷貨額（萬日圓）	2,400萬日圓	2,640萬日圓	2,640萬日圓
每一產品的變動費用（日圓）	120日圓	120日圓	120日圓
－變動費用（萬日圓）	960萬日圓	1,056萬日圓	960萬日圓
每一產品的邊際利益（日圓）	180日圓	180日圓	210日圓
邊際利益（萬日圓）	1,440萬日圓	1,584萬日圓	1,680萬日圓
邊際利益率（%）	60.0%	60.0%	63.6%
－固定費用（萬日圓）	1,200萬日圓	1,200萬日圓	1,200萬日圓
經常利益（萬日圓）	240萬日圓	384萬日圓	480萬日圓
損益平衡點銷貨額（萬日圓）	2,000萬日圓	2,000萬日圓	1,885萬日圓
損益平衡點銷售數量（個）	6萬6,667個	6萬6,667個	5萬7,143個

Point

經常利益的差額（480萬－384萬＝96萬）雖然就是邊際利益的差額（1,680萬－1,584萬＝96 萬），但這乃是因為與數量、單價相對的固定費用在短期內無變動的前提之下才會如此，固定費用在這項決策上是**無關成本**（譯注：與特定決策方案無關、不受短期管理決策影響的成本）。

10-6 如何對不同產品進行收益分析？

必須分析個別產品總邊際利益率的變化

從總邊際利益率可計算出個別損益平衡點銷貨額

這裡要介紹的是，要分析多樣產品組合時，所需具備的計數感。以A公司為例，其銷售資料如右頁所示。

從各項產品的邊際利益率與各自的銷售結構比，可以計算出該公司整體的邊際利益率（**總邊際利益率**）。也就是將各產品的邊際利益率乘上銷售結構比，即可求出總邊際利益率，A公司的總邊際利益率即為（40%×0.5）＋（60%×0.3）＋（50%×0.2）＝48%。由此得知，如果能提高邊際利益率的商品所占的銷售結構比，就會使總邊際收益率上升。此外，也可預測出銷售結構比的變化，會對總邊際利益率造成多大程度的影響。在A公司的例子中，如果將邊際利益率40%的X產品的銷售結構比提高的話，則可推估A公司的總邊際利益率亦將提升。

如果我們可以由此推估出總邊際利益率，便能計算出A公司的損益平衡點銷貨額，由於知道各產品的銷售結構比，因此也能夠計算出各產品的個別損益平衡點銷貨額（如右圖所示）。

接下來則要思考觀察並判斷各項產品個別收益性的方法。就A公司的例子而言，將產品依照**邊際利益由高至低的順序**來看，依序為①X產品、②Y產品、③Z產品；而從**邊際利益率的高低順序**來看則是①Y產品、②Z產品、③X產品；而依**每一產品邊際利益的高低順序**來看則是①Z產品、②Y產品、③X產品。雖然從這些排序無法輕易地判斷要重視哪項產品的銷售，但如果假設各產品均具備同等的市場性與策略性，那麼一般而言，會以能實際賺取較多邊際利益的X產品為優先，接下來再依每一產品的邊際利益、邊際利益率的順序來考量與判斷。

如果今後公司要採行高附加價值策略，也可以考慮擴增每一產品邊際利益與邊際利益率均為最高的Z產品。

各產品的個別邊際利益分析

A社一個月的銷售實績

	X產品	Y產品	Z產品	合計
銷售單價（日圓）	1,500	1,800	2,400	
銷售數量（個）	2,000	1,000	500	
銷貨額（萬日圓）	300	180	120	600
銷貨額結構比	50.0%	30.0%	20.0%	100.0%
每一個產品的變動費用（日圓）	900	720	1,200	
－變動費用（萬日圓）	180	72	60	312
每一個產品的邊際利益（日圓）	600	1,080	1,200	
邊際利益（萬日圓）	120	108	60	288
邊際利益率（%）	40.0%	60.0%	50.0%	48.0%
－固定費用（萬日圓）				240
經常利益（萬日圓）				48

總邊際利益率

損益平衡點銷貨額
500萬日圓×總邊際利益率48%
＝邊際利益240萬日圓
＝固定費用240萬日圓

各產品的損益平衡點銷貨額：
X產品250萬日圓＝500萬日圓×50%
Y產品150萬日圓＝500萬日圓×30%
Z產品100萬日圓＝500萬日圓×20%

固定費用240萬日圓
÷總邊際利益率48%

損益平衡點的內容

損益平衡點銷貨額（萬日圓）	250	150	100	500
損益平衡點銷售數量（個）	1,667	833	417	
邊際利益	100	90	50	240
－固定費用				240
經常利益				0

專欄：提升經營力講座⑩

固定費用型企業與變動費用型企業

一般而言，企業當中有高固定費用的**固定費用型企業**、與高變動費用的**變動費用型企業**，這些企業具有什麼特徵、面臨了哪些課題呢？

批發業與綜合建設業等業界的變動費用率會在80%、甚至達85%，是屬變動費用型企業，其原因在於，批發業的商品進貨額與物流相關費用的比例較高；而綜合建設業具有下游承包分業型的業界結構，外包費用較高便是它成為變動費用型企業的理由。

相對於此，如飲食業和美容業等勞力密集的業種，以及使用大型設備的製造業、綜合超市等，均屬於固定費用型企業。前者由於是勞力密集的企業，其固定費用中有大部分是人事費用；而後者的製造業與大型超市，相較於人事費用，更主要的是店舖與工廠所需之折舊費用、租金等設備相關費用占固定費用中較高的比例。如此的費用結構，會影響到該企業的經營課題以及經營手法。以下針對這一點加以說明。

變動費用型企業的邊際利益率低，因此即使賣出一件商品，也無法賺到多大的利潤。如果要賺取收益，就必須使銷售數量成長以增加收益額。再加上由於邊際利益率低，一旦**固定費用率**（固定費÷銷貨額）相對變高，便會形成無法創造經常利益的損益結構。換言之，即使希望以增加正式員工的方式來增加銷售數量，也會因為這將使得固定費用更為增加而無法實現，因此有必要擴增現有員工的每人銷貨額。關於這一點，可參考第一百六十九頁的邊際利益圖表。從圖表中可以了解到，變動費用型企業由於固定費用較低，所以要在銷貨額有所成長時，安全邊際率才會跟著提高。**變動費用型企業的經營課題**在於擴大銷售量與降低變動費用率。然而，要加以留意的是，一味地擴大銷售量，也會有因而陷入**銷售至上**迷思的可能。

另一方面，固定費用型企業的情況又是如何呢？這類型的企業由於固定費用率高，具有如果不提高邊際利益率，便無法產生收益的企業體質。一般對於固定費用型的企業而言，包含在商品、服務銷售金額中的邊際利益較大，原本應該會有較高的利潤，但人事費用與設備費用等固定費用也會隨之增加，因此實際上並不容易產生收益。以美容業的例子來看，美容師每天能服務的人數有限，所以也會出現即使客戶專程跑來，也無法對他們提供服務的情形。如果要提升銷貨額，就必須增加美容師的人數、提高固定費用。參考前面提到的邊際利益圖表來思考便可得知：固定費用型企業由於固定費用較高，因而有必要提高邊際收益率。

但是，美容師的人數無法輕易增加，銷貨額的成長也就有限。在上述的前提之下，**固定費用型企業的經營課題**是要確保一定水準的銷貨額、以及減少固定費用。這裡要注意的是，為確保一定的銷貨額，公司很可能去增加廣告費與人事費用等固定費用，使得收益因而減少。

而屬於固定費用型且邊際利益率低的零售業，則同時擁有固定費用型與變動費用型的缺點，是有許多課題需要面對的業種。銷售PB商品（譯注：自有品牌商品）、增加郵購、網路商店等販售通路，都被認為是用來補救這些缺點的手法。

固定費用型企業與變動費用型企業的課題

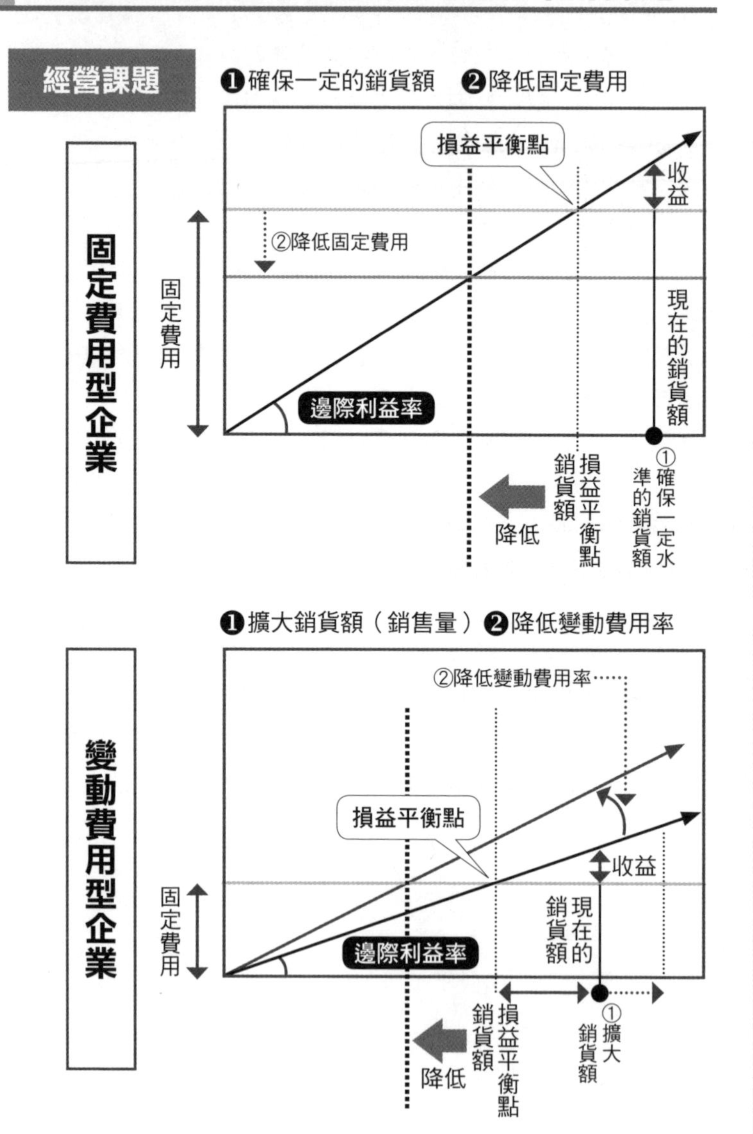

第11章

掌握與收益以及資金計畫相關的計數感

11-1 為什麼要訂定收益與資金計畫？

為了驗證事業發展趨於穩定與否

訂定預期損益後再推展事業是企業發展的基本程序

需要訂定收益與資金計畫的不只是新設立企業，既有企業同樣有此必要。**事業計畫**的內容包含**收益**與**資金計畫**，是企業為了吸引金融機關、投資者給予融資與出資，以及做為向往來對象做說明用的資料等目的而訂定的。雖然經營者必須制訂事業計畫，以努力爭取金融機構的融資與股東的出資，但是實際上並未制訂活動計畫、收益與資金計畫的企業亦不在少數，這是為什麼呢？

第一個原因是訂定預期銷貨額在實務上相當困難。在固定費用較高的狀況下，由於固定費用是與銷售無關的費用，若不事先訂定預期銷貨額就直接推展事業，等同於無謀之舉。在這種情況下，為了要控管製造費用，使其能夠因應銷售的增減，因而有必要將**固定費用轉為變動費用**，例如雇用派遣員工與使用租賃設備等。無論企業面臨何種狀況，先訂定預期損益再推展事業，才是企業發展的基本程序。

第二個原因在於企業不了解訂定事業計畫的方法。事業計畫的訂定，並不是有過一兩次經驗便可駕輕就熟的，然而若因此要求管理顧問公司等第三者代為訂定，也是錯誤的觀念。訂定事業計畫的主體終究是經營者，請將這一點銘記於心。

第三個原因是，在這個前景不明的時代下，難免會有即使訂定計畫也無法依照計畫發展、計畫沒有意義的想法。然而，觀察事業計畫與實際經營成績的差異、分析其原因，再據以訂定因應對策仍舊是相當重要的。

最後統整一下企業必須訂定事業計畫的理由：企業必須考量到：①公司依循現況發展下去的預期發展狀況將會如何、②如何才能使公司的經營穩定發展、③公司適合往何種方向發展。而這些考量正是企業必須訂定事業計畫的原因所在。

為什麼要訂定收益與資金計畫？

未訂定事業計畫的理由

- 不易擬定預期銷貨額
- 不了解訂定事業計畫的方法
- 認為即使訂定了事業計畫，也無法依據計畫發展

訂定計畫有其必要性的理由：

- 思考公司依現況發展下去將會如何？
- 思考要如何使公司的經營穩定發展？
- 思考公司適合往何種方向發展？

能夠迅速進行決策

朝實行整體公司策略的方向邁進

11-2 下期收益與資金計畫的訂定步驟為何？

依序為銷售計畫、固定費用計畫、目標收益、必要銷貨額

反覆模擬評估以重新修訂計畫值

如同本書在第二十四頁〈營運計畫與計數的關係為何？〉中的說明，依據經營計畫所訂定的計數計畫，可分為三年左右的**中期收益與資金計畫**，以及依據中期計畫來擬定、做具體實行計畫的**下期收益與資金計畫（訂定預算）**。本節將針對下期收益與資金計畫的訂定方法進行說明。

訂定計畫的步驟，大致流程如下：①訂定銷售計畫、②設定目標收益、③制訂固定費用計畫、④計算並檢討預估的必須銷貨額是否適切、⑤編製擬制性資產負債表、⑥預估現金流量、⑦以財務分析逐步檢驗，並重新檢討該項計畫。

步驟①到④會應用到損益平衡點銷貨額的公式：**（預期固定費用＋目標收益）÷目標總邊際利益率＝必須銷貨額**（編按：參見P166，損益平衡點銷貨額＝固定費用÷邊際利益率），而在⑤編製下期經營目標的擬制性資產負債表的階段，會同時考量**設備投資計畫**，以及以資產負債表為主的公司**財務體質改善對策**（減少有息負債、減少存貨、資產輕量化、解除交叉持股等）。而討論到這個階段之後，便能接著進行⑥的現金流量預測。

也就是說，完成了①至⑤的步驟後，即可預估下期的**自由現金流量**（目標收益－法人稅等＋折舊費用－營運資金調度金額增加的部分＋投資額）（編按：參見P73）。一旦決定了自由現金流量，就能擬定償還借款、支付配息等計畫。而在⑦逐步檢驗與重新檢討計畫時，則會使用財務分析的手法，對異常值等項進行檢測。

當這些步驟完成之後，會依必要情況再回到前面的階段，反覆模擬評估以修訂計畫值。

下期收益與資金計畫的訂定流程

編製做為下期經營目標的損益變動表

經 營 策 略 → 訂定各部門的銷售計畫 總邊際利益率

↓ 設定目標收益 ↓ 固定費用計畫

注：一般會採用經常利益

$$\frac{\text{預期固定費用＋目標利益}}{\text{目標總邊際利益率}}＝\text{必須銷貨額}$$

檢討達成必須銷貨額的可能性

因應必要情況重新檢視固定費用等

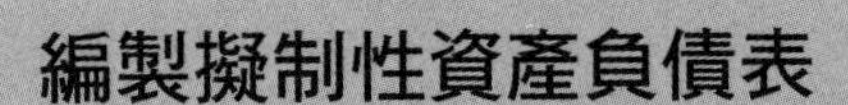

編製擬制性資產負債表

預估現金流量

依據財務分析手法逐步檢驗與重新檢討

11-3 制訂銷售計畫的重點為何？

重點在於要藉由銷貨組合提升總邊際收益率

決定公司整體的目標邊際收益率

銷售計畫的制訂是收益與資金計畫的起點。因為如果沒有銷售計畫，進貨與生產計畫便無法成立。

首先，將銷售計畫以由上至下（譯注：從整體目標至各部細節）的方式做檢討，此時要思考的是銷售計畫所應有的數值與期望值。透過由上至下的銷售計畫，最終決定出的會是公司整體的目標邊際利益率（總邊際利益率）。使用**由上至下方式檢討銷售計畫的目的，是為了預估藉由某種銷貨組合（商品及部門的組合），能將總邊際利益率提升到什麼程度，並決定銷售計畫大致的方向**。而整合經營現場的意見並藉以調整對銷售的預期，則是由上至下地檢討計畫後所要處理的問題。

在訂定銷售計畫時請特別留意，除了擬定銷貨額計畫之外，預估邊際利益率也很重要。因此，從考量商品別、顧客別、地區別等部門差異、到預測可販售的最高銷售數量與銷售單價等銷售構成要素，都是不可或缺的。另外，也不能忽略銷售計畫必須要有環境分析的支持。

而在**銷貨額的預估方法**上，有依業種、產業型態等不同的思考方式。在零售業方面，可依據營業空間的每坪銷貨額×店舖面積、個別商品消費支出×商圈內人口×預期市場占有率等項目，來預估銷貨額；美容業等服務業，則可以用客單價×設備數（客席數等）×來客周轉率×營業日數等來做預估。

如果能以上述方式預測銷貨額，便可從所預估的各部門（個別店舖、顧客等）邊際利益率與銷售結構比，來求出總邊際利益率（合計各部門的個別邊際利益率×個別銷售結構比求出）。

訂定銷售計畫

外部環境
- 顧客動向
- 競爭動向
- 經濟動向

內部環境
- 生產與銷售的實績及能力
- 每一位從業人員的銷貨額
- 賣場面積……等

依據商品別、顧客別、地區別來訂定計畫

預期銷貨額 × **預期邊際利益率**

公司整體的
總邊際利益率

預估銷售銷的方法

- **以零售業為例**
  營業空間的每坪銷貨額×店舖面積
  個別商品消費支出×商圈內人口×預期市場占有率
- **銷售負責人員的逐一造訪銷售**
  對各客戶的銷售計畫、與各銷售負責人員的銷售計畫
- **服務業**
  客單價×設備數（客席數等）×來客周轉率×營業日數

11-4 固定費用計畫的重點為何？

重點在於要能與促銷計畫、人員計畫、設備投資計畫連動

依前一年的百分比占比做決定會造成預算的浪費

以銷售計畫決定公司整體的總邊際利益率目標之後，為了達成此一目標，接著便要著手訂立**固定費用計畫**。除了促銷與人事費用計畫外，也會依據設備投資計畫等的中期性計畫，加上可能發生的折舊費用、租賃費用等，預估出必要的固定費用。

而在營業現場的具體計畫方面，雖然有必要與公司業務密切連結進行詳細的預估，但在方向性已經被決定好的由上至下計畫中，則是透過掌握公司整體發展要點的前提之下，訂定大致的計畫。

在預估固定費用時，首先要考量的是金額較大的**人事費用計畫**。人事費用計畫必須要有人員計畫做基礎。然而，處於創業期的企業與赤字企業等，由於撥給人事費用的資金不足，因此，以確保公司成長的收益為前提，再據此決定人事費用的總額也不失為有效的方法。舉例來說，如果事先決定目標銷貨額為1億日圓、總邊際利益率20%、目標經常利益500萬日圓、勞動分配率50%，那麼人事費用總額將會是1,000萬日圓（1億日圓×20%×50%），由此可知，一旦公司中有三位年薪300萬日圓的員工，總經理的薪水就會發不出來。

銷售費用預算則理所當然應該依具體的銷售政策來決定。由於，即使公司任意增加銷售費用，也不一定就能帶來希望的成果。因此，若是比照前一年的百分之多少、或是銷貨額的百分之多少，也就是以固定比例的方式來決定銷售費用預算的話，將會造成預算的浪費，應該加以避免。而對於**研究開發費用**與**市場開拓費用**等早期投資費用，也要事先估計出預算。另外在折舊費用、契約租賃費用、設備租金等**設備費用**方面，由於會訂定設備投資計畫，因此必然會事先決定出預算。而**其他固定費用（一般管理費等）**的詳細內容則交由營業現場處理，但在由上至下檢討計畫的階段，也只會先決定出大致的內容。

固定費用的主要項目

1 人事費用

- 檢討適當的勞動分配率
- 人員配置、任用計畫
- 教育計畫

就中期而言，降低勞動分配率是正確的方向。

2 銷售費用

- 廣告宣傳費
- 促銷費用

不採取依銷貨額的百分之多少訂定銷售費用，而是要依據具體的銷售政策來決定。

3 設備費用

- 契約租賃費用
- 折舊費用
- 設備租金

4 利息支出

- 借款償還計畫
- 新的借款計畫

5 其他固定費用

在此調整預算過多與不足的部分。

11-5 如何決定目標收益？

必須將「成長必須之收益」的觀點考量在內

先確保公司成長所需收益，剩餘部分視為可容許費用

雖然一般而言，收益是以**銷貨額－費用＝收益**的方式算出，但這種計算方式並不適用於計算目標收益。設定目標收益時，必須要有**目標銷貨額－成長所必須之收益＝可容許費用**的概念。首先，要先確保公司成長所需之收益，再將剩下的部分視為可容許費用，在前景不明的時代中，這種以收益為優先的概念，在訂定收益計畫上相當重要。

而要計算出公司成長所必須之目標收益，有下列幾種方法。第一種是以**目標溢利率**來決定目標收益。這種方法是以過去的收益來延伸考量，較容易用於訂定計畫，但由於它並未考慮到公司的財務體質與收益性等，因此較不建議使用。

第二種是以**總資產報酬率（ROA）**為基準，計算出應有的經常利益。這是由於總資產報酬率是判斷公司收益能力的代表性指標，其計算概念中隱含提高收益的觀點。然而要注意的是，如果公司預定進行設備投資等，必然會引起總資產額出現變化，因此必須先計算預期資產總額後，再來決定總資產報酬率。**預期總資產**可用現在的總資產－資產出售與報廢的部分＋新投資額－本期折舊費用來求出。如果預期總資產為100億、目標總資產報酬率為5％，那麼100億×5％＝5億便是目標經常利益。

第三種則是以**每人經常利益**等生產性指標來決定。勞力密集的企業，在固定費用中有一半以上是人事費用等的情形下，在計算時加入對人員生產力的考量是很合理的。

第四種是**以配息來計算目標收益**。舉例來說，可由（預定配息金額＋董監事獎金＋預定內部保留盈餘金額）÷（1－法人稅等有效稅率）計算出當期稅前淨利，而大致上可直接視此數字為目標收益。

目標收益的概念

1 目標收益與費用在訂定計畫時的關係

不採用　目標銷貨額－必要費用＝目標收益

採用　目標銷貨額－公司成長所必須之收益＝ **可容許費用**

以最低限度的費用，創造出必須的收益！

計算目標收益的方法

2 決定目標收益

❶用前一年的收益為基準，以溢利率來決定

❷從目標總資產報酬率（ROA） 決定

預期總資產100億　目標總資產報酬率5%

⇨100億×5%＝5億（目標經常利益）

❸採每人經常利益等生產性指標決定

每人經常利益×員工數＝目標經常利益

❹從配息等決定

$$\frac{\text{配息＋董監事獎金＋內部保留盈餘}}{\text{1－有效稅率}} = \text{目標經常利益}$$

11-6 如何製作擬制性資產負債表？（其一）

必須以各項資產、負債的周轉率等來進行預測擬定

必須決定必要銷貨額與目標銷貨額

決定了目標收益、固定費用預算、總邊際利益率之後，便可計算出符合這些條件的**必要銷貨額**〔（固定費用預算＋目標收益）÷總邊際利益率〕，也就能在考量人員、市占率、成長率等的同時，檢討實現該項預期銷貨額的可能性，進而決定**目標銷貨額**。請特別注意，如果輕忽這個程序，目標銷貨額便會淪為空談。一旦決定了目標銷貨額，就會**從資金面檢討**該項收益計畫，編製擬制性資產負債表。

首先①依據**投資計畫**，計算出新增的固定資產以及預期折舊費用。如果有出售的固定資產，則要扣除掉該部分的固定資產，並使其反映在折舊計算上。合計上述要素後再決定固定資產的金額。②如果投資伴隨著**增資計畫**，就要隨之增減其資本與資本公積（譯注：由資本交易等非營業結果所產生的權益，內容包含股本溢價、資產重估增值、受領贈與等等）。**③要以目標銷貨額與目標周轉率，來預測銷貨債權、存貨、購貨債務**。（編按：存貨周轉率〔次〕＝銷貨額÷存貨。參照右頁）

舉例來說，公司的實際存貨周轉率為10次，如果為了提升存貨的利用效率，而將周轉率目標提升到12次，此時目標銷貨額若為12億日圓，那麼預期存貨將會是1億日圓（12億日圓÷周轉率12次），而銷貨債權與購貨債務也可用同樣的方式預估。④其他資產、負債也可以用周轉率做決定，但如果在實行上有困難，就必須先決定下期目標相對於前期數值的增減比例，再預估下期的可能數值。

對於能夠看到資金詳細動向的項目（如**預定償還的借款本金**、**預定支付的未付稅金**等），可從它們的實際動向來做預估。**現金與銀行存款**則可直接採用前期期末的餘額。這麼做是為了要以資產負債表上左右欄的借貸差異，來掌握資金的過與不足之故。最後，⑤將配息等**預期收益處分**反映在保留盈餘上。

擬制性資產負債表的編製

	預測項目	對資產的預測
A資產	現金與 銀行存款	同前期餘額（從資產與負債、股東權益的差額中計算出資金的過多與不足，因此採用與前期餘額相同之金額）
	銷貨債權 存貨	●銷貨額÷銷貨債權周轉率 ●銷貨額÷存貨周轉率
	固定資產	前期餘額＋新投資額－折舊－出售與報廢資產
	其他流動資產	前期餘額＋新買進額－出售部分 （但詳細內容不明之處則採用與前期餘額相同之金額）
B負債	購貨債務	銷貨額÷購貨債務周轉率
	其他負債	前期餘額＋新借入金額－已償還金額（但詳細內容不明之處則採用與前期餘額相同之金額）
	未付法人稅	前期餘額－將支付金額＋目標收益×稅率
C資產淨值	資本 資本公積	加上新增增資額
	保留盈餘	前期餘額－配息與董監事獎金支出＋稅後目標收益

11-7 如何製作擬制性資產負債表？（其二）

從擬制性資產負債表左右借貸不平衡的原因進行分析

將差額部分換成具體的會計科目，使左右借貸平衡

依照前面所說的程序編製出的擬制性資產負債表，表中的左右方會出現借貸不會平衡的情形。這是由於在這個報表中，乃是針對資產（資金的活用）與負債、資產淨值（資金的調度）個別進行預估的緣故。而編製擬制性資產負債表的重點，便在於**是否能夠了解其中差額的意義，並將其轉換成合適的會計科目**。

接著，來思考一下表中呈現的差額所代表的意義，同時也想一想要將這個差額轉換成什麼樣的會計科目。

首先，擬制性資產負債表可能呈現**預期總資產＞預期負債＋資產淨值**。出現這種狀況，即表示該公司的**資金不足**。如果是因為未考慮資金的問題就進行新設備投資計畫，而導致這種不平衡的現象，就要以增資與增加長期借款的方式調度資金。但如果公司並沒有設備投資的計畫，卻仍是出現了這種現象，那便是因為營運資金不足所造成，這時要考慮以短期借款等方式調度新的資金。這些與資金調度的調整也都要反映在擬制性資產負債表上。

另一種情形則是，**預期總資產＜預期負債＋資產淨值**。這種情形表示公司**在資金上有剩餘**，這個差額即為剩餘資金。公司可以再進一步考量要如何運用資金，例如追加對有價證券等流動資產的投資計畫，或者也可以將資金用於提高借款的償還金額。無論如何，都要將差額轉換成具體的會計科目，使資產負債表左右借貸平衡。

此外，在考量資產負債表的這些追加資訊時，不要忘記將利息增加與減少的部分、以及運用資金時所收取的利息等反映在損益計算上。如此，擬制性資產負債表就完成了。

擬制性資產負債表左右借貸差額的意義

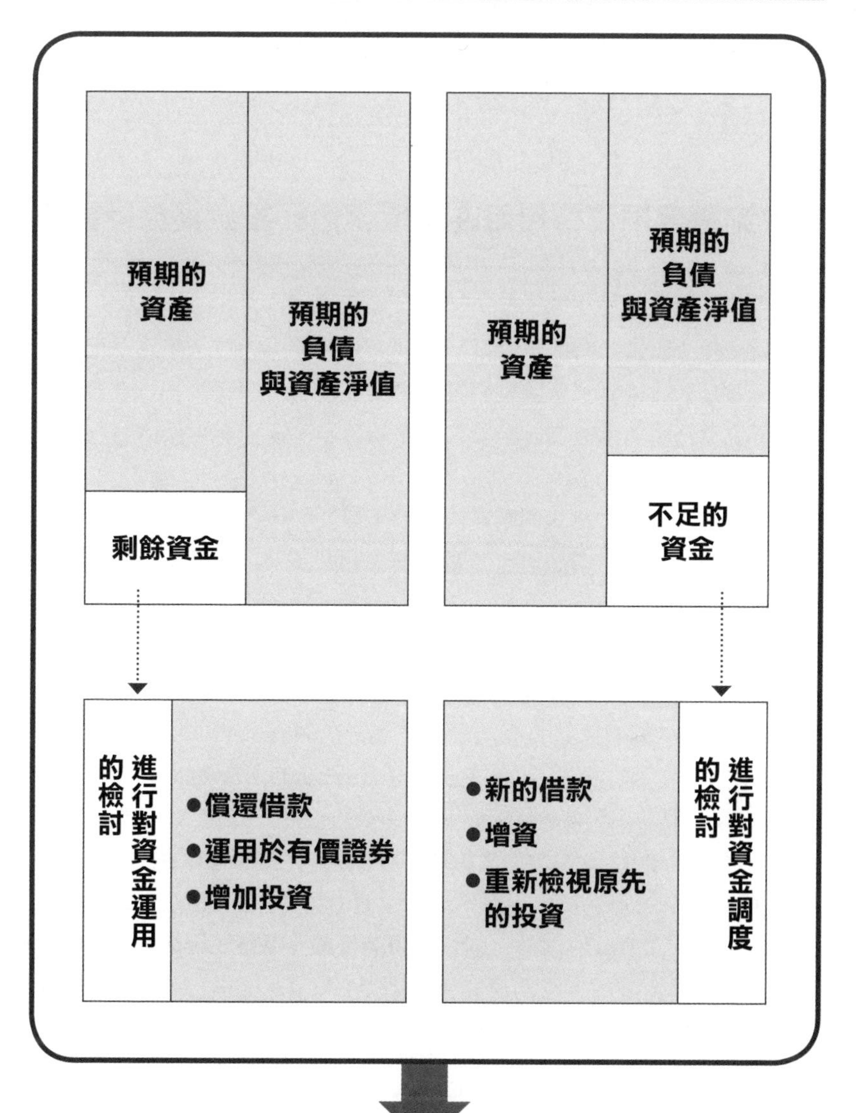

模擬損益計算、調整資產損益表的項目，
直到左右的差額歸零為止。

11-8 設備投資的損益計算概念為何？

以進行跨設備使用期間的損益計算為主要的計算概念

現金流量折現法會使用在企業價值與投資損益計算等方面

設備投資的損益計算，與一般的損益計算有三項不同之處：

第一項，設備投資的損益計算，並非一般採用的以一年為單位期間計算，而是對設備等進行**跨使用期間的損益計算**。這是由於投資設備的效益，會橫跨從買進設備起至報廢為止的數年，因此必須觀察這整個期間內的損益計算。

第二項，損益計算要判斷在設備使用期間中，是否有新發生的收入與支出差額，也就是**增額現金流量**。要注意的是，這項計算只以預期未來將會發生的現金流量為對象。之所以如此，是因為因過去決策而產生的現金流量，與今後的決策並無關係。

第三項是會考量**時間價值**。舉例來說，現在的100萬日圓與三年後的100萬日圓，其價值只有在利息這個部分是有差異的。也就是說，假設利率為3%，那從算式〔100萬日圓×（$1+0.03$）^{3}〕可得知，現在的100萬日圓會等於三年後的109萬日圓。

反之，如109萬日圓÷（$1+0.03$）^{3}≒100萬日圓這個算式所示，三年後的109萬日圓，可折算出現在的貨幣價值（現值）為100萬日圓。而1÷（$1+0.03$）^{3}＝0.9151這個數字則稱為**現值係數**，可將三年後的現金流量折算成現值。至於四年後的現值係數則是1÷（$1+0.03$）^{4}，以此方式可計算出往後任一年度現金流量的現值。但是，設備投資的損益計算並不採用利率來折算現值，而是使用企業的**加權平均資金成本率**（參見P154）來計算。這種計算方法被稱為**DCF法**（現金流量折現法），被廣泛使用於評估企業價值與投資的損益計算等方面。

設備投資的損益計算與一般損益計算的不同之處

	一般的損益計算	設備投資的損益計算
計算對象	企業	以新投資等計畫為單位
計算期間	會計年度	使用期間
損益的意義	期間損益	使用期間內的整體現金流量
損益計算的方法	費用與收益相互因應的計算方式	增額收入與增額支出的比較 計入機會成本
時間價值	未考慮在內	以加權平均資金成本率折算 DCF法的運用

現值的意義

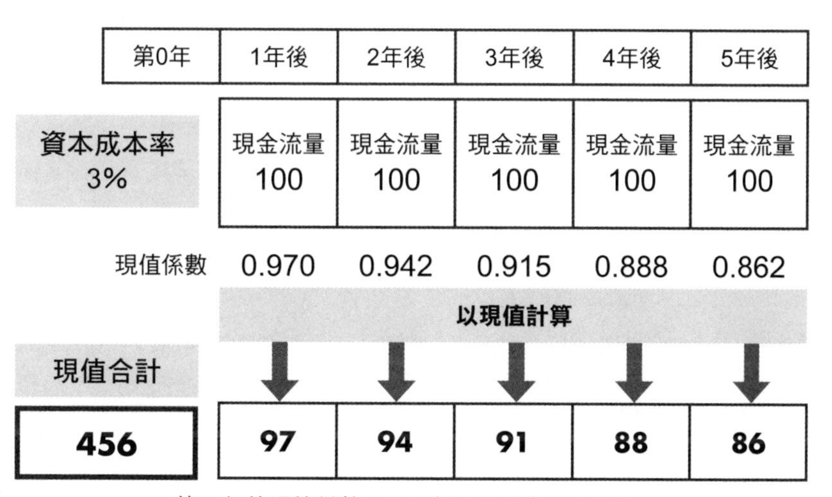

第一年的現值係數＝1÷（1＋0.03）＝0.970…

第二年的現值係數＝1÷$(1+0.03)^2$＝0.942…

⋮　　⋮

11-9 如何從設備投資損益計算判斷該項投資是否有利？

可以運用淨變現價值法來判斷設備投資的結果

高淨變現價值的投資最為有利

淨變現價值法是當公司在三個相無關聯的獨立投資案之間做選擇時，為了選出有利的投資案而使用的現金流量折現法中的一種。以下介紹**淨變現價值法**。

淨變現價值法的進行程序如下：①預期投資額，與②預期從該項投資所產生的**增額現金流量**。此時要注意的是，要扣除因過去決策所產生的現金流量，只計算今後因為該項投資而產生的現金流量。

接下來是③將投資額除以（α）現值，由於在本文舉出的範例是屬首次投資，所以投資額與現值會是一致的。此外，再將因投資結果所產生的各年度的增額現金流量（β）除以資金成本率，將各年度現值合計後計算出總現值。④從（β）的合計額中扣除（α）的投資額，所求出的**淨變現價值**如果為正數，即表示這項投資案會產生的收益將超過資金成本率的比例，因此應該採用該項投資案；若結果為負數，則表示該投資案只會產生低於資金成本率的收益，就不應採用。

而在右圖所示的三個投資案當中，淨變現價值為正數的A案與B案雖然都是有利的投資案，但其中B案的淨變現價值較高，是最為有利的提案。C案的淨變現價值為負數，因此可判斷它是不利的投資案而不予以採用。

此外，請觀察A案與B案的現值累計額。A案的現值累計額在第四年會轉為正數，但B案卻在第三年才會轉正。在**回收投資資金**，也就是**投資的安全性**上，可以說A案因為回收的期間較長所以是有問題的。

淨變現價值法的計算

A案

資本成本率8%

		第0年	第1年	第2年	第3年	第4年
①	投資額（現金支出）	−3,800				
②	增額現金流量		1,800	1,300	1,000	500
	a：現值係數	1.0000	0.9259	0.8573	0.7938	0.7350
③ =①或②×a	現值	（α）−3,800	（β）1,667	（β）1,115	（β）794	（β）368
④=③的合計	淨變現價值	144 ←有利				第四年轉正
	現值累計額	−3,800	−2,133	−1,018	−224	144

B案

1÷（1+資本成本率）^{n}		第0年	第1年	第2年	第3年	第4年
①	投資額（現金支出）	−4,800				
②	增額現金流量		1,900	1,900	1,900	1,900
	a：現值係數	1.0000	0.9259	0.8573	0.7938	0.7350
③ =①或②×a	現值	（α）−4,800	（β）1,759	（β）1,629	（β）1,508	（β）1,397
④=③的合計	淨變現價值	1,493 ←最為有利			第三年轉正	
	現值累計額	−4,800	−3,041	−1,412	96	1,493

C案

		第0年	第1年	第2年	第3年	第4年
①	投資額（現金支出）	−5,200				
②	增額現金流量		500	1,200	1,800	1,200
	a：現值係數	1.0000	0.9259	0.8573	0.7938	0.7350
③ =①或②×a	現值	（α）−5,200	（β）463	（β）1,029	（β）1,429	（β）882
④=③的合計	淨變現價值	−1,397 ←不利				
	現值累計額	−5,200	−4,737	−3,708	−2,279	−1,397

結論 投資案的有利程度依序為B案、A案，C案則不予採用。

專欄：提升經營力講座⑪

關於經營計畫的分類

本文要介紹經營計畫（營運計畫）的分類方式。

首先，經營計畫可分為**計數計畫**與**活動計畫**兩類。活動計畫是指對未來一定期間之內的活動做出計畫；計數計畫則是在資金面加以支持的計畫。創業者多半在訂定營運計畫時，重新感受到計數感的必要性，而在此機會下依據計數來訂定計畫。其中活動計畫又可分為企業總體策略、事業策略、實行計畫；而計數計畫則分為中期收益與資金計畫、下期收益與資金計畫，以顯示活動計畫的數據性基礎。

依計畫的對象領域來分類的話，可分為**公司整體計畫**與**部門計畫**。由高層決定公司整體方向性的是公司整體計畫；相對於此，部門計畫是依據公司整體計畫，細分為各項事業、各營業所、各地區等。部門計畫重視的是從營業現場由下至上的觀點，所要求的是具體的行動計畫；而相對於此，公司整體計畫則要求領導各部門的策略性。

此外，還有將經營計畫分為**個別計畫**、**期間計畫**的分類方式。期間計畫是依據計畫的期間長短來分類，可分為長期（五年）、中期（二至三年）、短期（一年），在前景不明的時代，相較於長期計畫，企業一般會採行中期計畫。而相較於與企業總體策略、事業策略有密切關連的長期計畫與中期計畫，短期計畫則與實行計畫較為相關。

其中個別計畫也稱為專案計畫，可分為**基礎計畫**（策略性計畫）與**業務計畫**（戰術性計畫）。

基礎計畫是針對經營結構的基本事項，進行相關決策的計畫。舉例來說，包括進行併購（M&A）、新的展店計畫、設備投資計畫、經營組織改革等相關決策的計畫。決策方式是採用與計數相關，而且運用現金流量折現法的**淨變現價值法**、內部收益率法、回收期間法等方法。

業務計畫則是針對在預算編列過程中，對必須決定之事項做相關決策。比方，決定產品組合、決定委外製造或是由公司自行生產、檢討變更產品價格等相關事項，都屬業務計畫的範圍。這類計畫會在編列預算時實行，所以是一種短期計畫。如本書前文所述，**損益平衡點分析**等**CVP分析**（參見第11章），經常被當做訂定短期計畫的手法。（要留意的是，基礎計畫與業務計畫的分類，並不僅限於個別計畫，在其他計畫分類方式中也是有效的。例如，也會有期間計畫被當成基礎計畫使用）。

最後整理一下**經營計畫的功能**：

①為了有效實現經營策略，必須藉由經營計畫掌握具體的策略以及在資金面提供支持的數據，從中尋找實現的可能性。

②為了不浪費經營資源，思考有效利用資源的方法。

③做為判斷目標決策的基準。

④做為公司員工的目標，使員工協助公司達成該項目標。

⑤藉由讓從業人員參加編列預算的過程，帶動從業人員達成計畫目標的意願。

⑥提供體系化思考經營的情境，讓公司可運用來培育經營幹部。

計畫的訂定過程提供了發揮計數感的絕佳環境，而將這種經驗運用在經營方面則是相當重要的一環。

經營計畫的分類

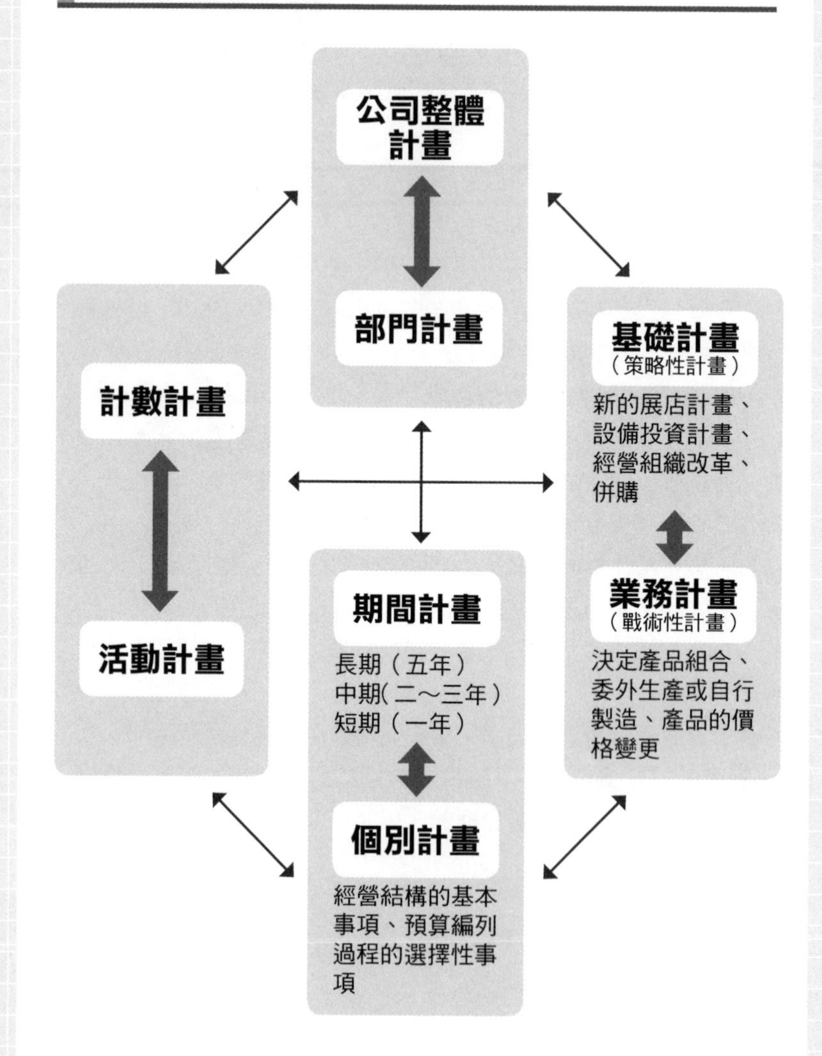

注：請注意此頁所提供的分類方式，並非將特定的某個經營計畫歸類成上述八種計畫類型中的任一種，而是讓一個經營計畫中含有多項要素。

卷末資料

比較TKC經營指標中的
優良企業與盈餘企業！

在 TKC 經營指標中，盈餘企業是指同時滿足下列二項條件的企業：

（1）期末淨值為正數
（2）當期淨利為正數

在 TKC 經營指標中，優良企業是從連續二期達到盈餘企業標準的企業當中，依據以下順序選出：

（1）總資產經常利益率為前 30%的企業
（2）自有資本比率為前 85%的企業
（3）每人加工額為前 85%的企業
（4）流動比率為前 85%的企業
（5）經常利益為前 85%的企業

依據上述順序選取的結果顯示，在能夠進行兩期的比較，且連續兩期皆為盈餘企業的企業中，所選出的企業會是前 15%。

試行優良企業與盈餘企業間的比較。

請藉由這項比較，了解應做為企業經營目標的業界最高水準經營分析值，與盈餘企業的平均經營分析值之間具有相當大的差距，並以此做為經營改革的目標。

出處：TKC 經營指標　平成十九年（二〇〇七年）指標版（平成十八年〔二〇〇〇六年〕一月期～十二月期結算）
TKC 全國會系統委員會編製
TKC 全國會發行

		營建業	
		盈餘企業	優良企業
收益性	總資產經常利益率（%）	3.5	11.6
	總資產週轉天數（天）	264.5	225.3
	總資產週轉率（次）	1.4	1.6
	現金與銀行存款週轉天數（天）	58.8	77.9
	銷貨債權週轉天數（天）	55.5	50.1
	存貨週轉天數（天）	41.2	21.4
	買進債務週轉天數（天）	39.7	29.6
	固定與遞延資產週轉天數（天）	91.0	63.2
	營業利益率（%）	2.4	6.3
	經常利益率（%）	2.6	7.1
	總銷貨收益率（%）	18.0	22.1
安全性	流動比率（%）	157.2	222.5
	速動比率（%）	106.4	180.4
	固定比率（%）	99.3	49.3
	固定長期適合率（%）	59.0	41.4
	自有資本比率（%）	34.6	56.9
	借款對月銷貨淨額倍率（月）	2.8	0.9
生產性	每人銷貨額（月）（千日圓）	1,886	2,043
	勞動生產性（月）（千日圓）	686	838
	每人人事費用（月）（千日圓）	398	467
	勞動分配率（人事費用 ÷ 邊際利益）（%）	58.1	55.8
	每人經常利益（月）（千日圓）	48	146
	資本分配率（%）（每人經常利益 ÷ 勞動生產性）	7.0	17.4
損益平衡點分析	損益平衡點比率（%）	93.0	82.6
	安全邊際率（%）	7.0	17.4
	邊際利益率（%）	36.4	41.0

- 本表在各項經營指標當中選出具代表性的指標，請讀者用本表與自己從業的業種做比較。
- 勞動生產性是用加工額做為計算式的分子。
- 在TKC經營指標中，是以每人加工額做為勞動生產性的評估數據。
- 損益平衡點比率的計算方式是以100%減去安全邊際率的方式計算出來的。

製造業		資訊電信業		批發業	
盈餘企業	優良企業	盈餘企業	優良企業	盈餘企業	優良企業
4.8	11.6	7.8	14.0	3.8	11.2
333.5	319.8	251.9	218.3	202.2	179.9
1.1	1.1	1.4	1.7	1.8	2.0
59.4	83.1	73.6	91.8	38.5	48.7
78.5	78.8	54.8	49.8	64.2	55.2
31.2	22.8	10.8	5.2	22.3	17.9
44.8	33.7	18.7	13.9	52.6	37.9
150.8	123.8	96.4	58.4	67.7	49.1
4.2	9.4	5.0	7.9	1.9	5.0
4.4	10.2	5.4	8.4	2.1	5.5
21.2	26.6	49.3	47.6	18.8	23.8
156.9	244.0	208.6	278.5	143.3	212.0
121.2	205.6	174.6	250.0	111.6	170.8
131.1	68.2	86.3	43.9	111.7	52.1
69.5	51.7	54.3	36.3	62.5	41.6
34.5	56.7	44.3	60.9	30.0	52.4
4.4	2.1	2.5	0.9	2.4	0.9
1,530	1,774	1,158	1,253	3,992	4,376
689	890	757	874	794	1,105
371	452	441	496	397	497
53.8	50.8	58.2	56.8	50.0	45.0
66	181	62	105	84	241
9.6	20.3	8.2	12.0	10.6	21.8
90.3	79.7	91.8	88.0	89.4	78.1
9.7	20.3	8.2	12.0	10.6	21.9
45.1	50.2	65.4	69.7	19.9	25.3

		零售業	
		盈餘企業	優良企業
收益性	總資產經常利益率（%）	3.8	11.5
	總資產週轉天數（天）	189.0	173.6
	總資產週轉率（次）	1.9	2.1
	現金與銀行存款週轉天數（天）	34.6	53.4
	銷貨債權週轉天數（天）	25.3	25.0
	存貨週轉天數（天）	27.1	21.0
	買進債務週轉天數（天）	28.0	23.2
	固定與遞延資產週轉天數（天）	92.1	63.5
	營業利益率（%）	1.5	4.7
	經常利益率（%）	2.0	5.5
	總銷貨收益率（%）	29.8	35.9
安全性	流動比率（%）	148.2	245.6
	速動比率（%）	93.8	180.1
	固定比率（%）	153.4	62.4
	固定長期適合率（%）	74.5	49.3
	自有資本比率（%）	31.8	58.6
	借款對月銷貨淨額倍率（月）	2.5	0.9
生產性	每人銷貨額（月）（千日圓）	1,780	2,053
	勞動生產性（月）（千日圓）	546	758
	每人人事費用（月）（千日圓）	282	379
	勞動分配率(人事費用 ÷ 邊際利益)(%)	51.6	50.0
	每人經常利益（月）（千日圓）	35	112
	資本分配率（%）（每人經常利益 ÷ 勞動生產性）	6.4	14.8
損益平衡點分析	損益平衡點比率（%）	93.6	85.2
	安全邊際率（%）	6.4	14.8
	邊際利益率（%）	30.7	36.9

●本表在各項經營指標當中選出具代表性的指標，請讀者用本表與自己從業的業種做比較。
●勞動生產性是用加工額做為計算式的分子。
●在TKC經營指標中，是以每人加工額做為勞動生產性的評估數據。
●損益平衡點比率的計算方式是以100%減去安全邊際率。

一般飲食店		不動產業		服務業	
盈餘企業	優良企業	盈餘企業	優良企業	盈餘企業	優良企業
3.8	12.2	3.1	10.3	5.5	12.5
250.9	212.9	985.3	629.3	257.0	221.9
1.5	1.7	0.4	0.6	1.4	1.6
43.4	68.0	120.2	197.6	54.3	77.5
6.6	7.6	13.3	7.2	34.3	33.2
5.1	4.8	91.4	39.1	6.9	4.3
11.8	12.2	8.7	3.2	14.9	10.5
183.8	124.8	711.9	346.6	146.2	93.3
2.2	6.6	9.9	16.5	3.6	6.7
2.6	7.1	8.4	17.8	3.9	7.6
61.5	57.9	55.5	59.3	41.5	44.9
118.7	256.8	135.9	326.5	162.2	294.4
89.8	221.2	69.7	249.9	132.3	259.3
255.0	109.2	277.4	95.5	159.4	68.0
94.6	69.9	90.8	63.9	77.5	52.4
28.7	53.7	26.0	57.7	35.7	61.9
4.1	2.0	16.6	4.0	3.3	1.3
585	886	1,870	2,165	1,009	1,438
374	559	1,084	1,373	542	815
203	290	332	434	302	439
54.2	51.9	30.7	31.6	55.7	53.8
15	63	157	385	39	109
4.0	11.3	14.5	28.0	7.2	13.4
95.9	88.7	85.5	71.9	92.7	86.6
4.1	11.3	14.5	28.1	7.3	13.4
64.0	63.1	57.9	63.4	53.7	56.7

優良企業與盈餘企業的比較圖表

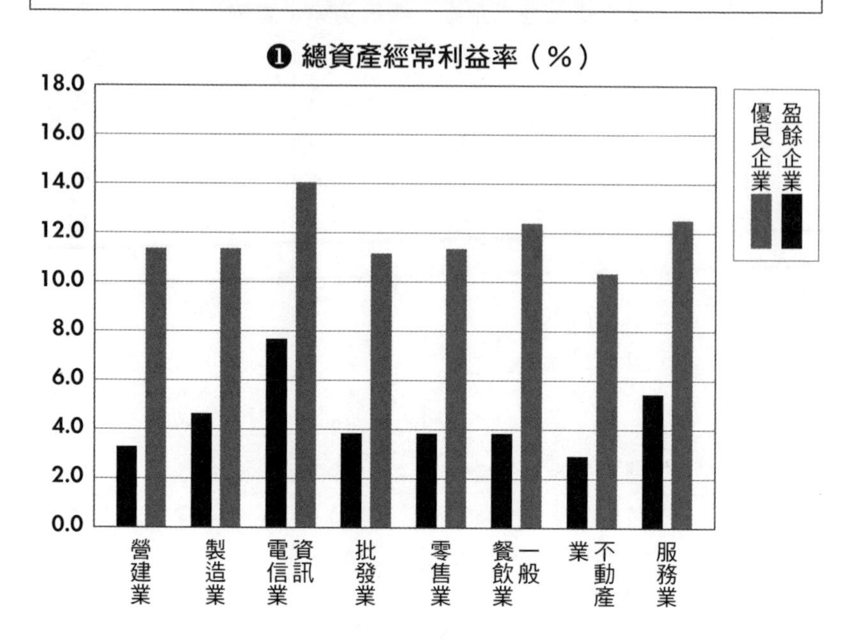

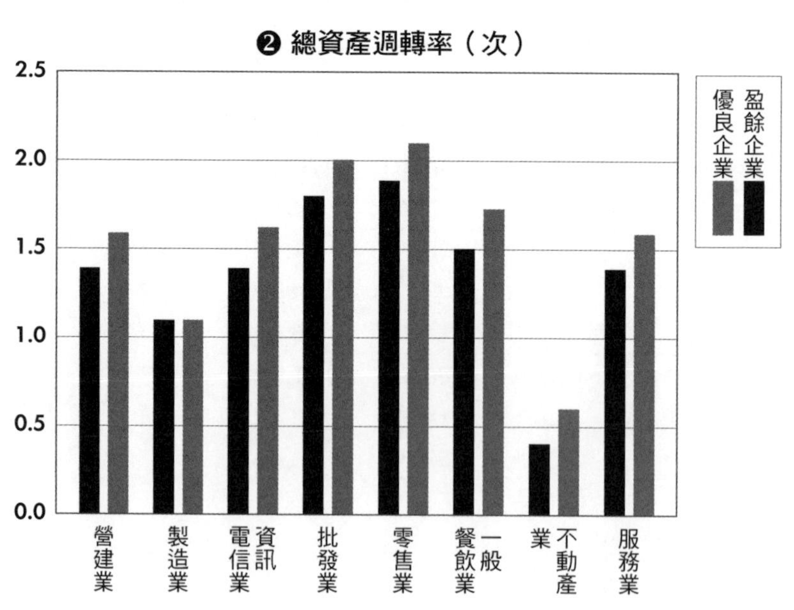

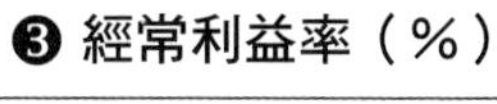
❸ 經常利益率（%）

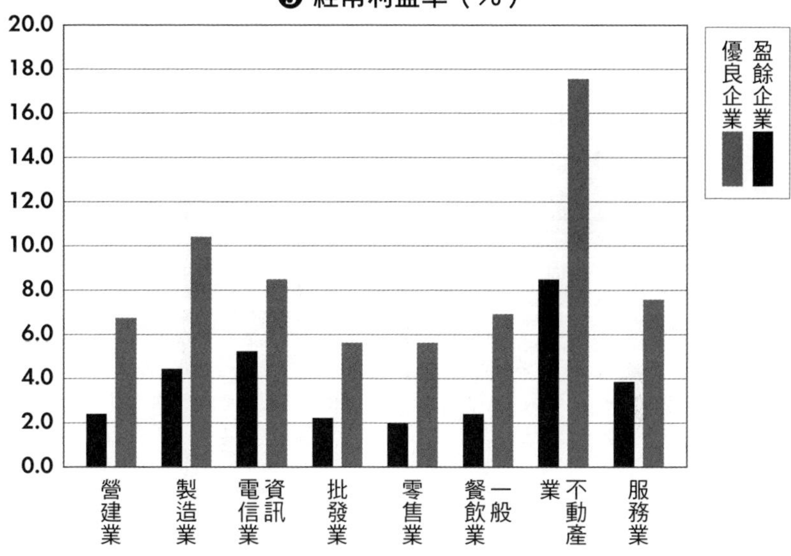
20.0
18.0
16.0
14.0
12.0
10.0
8.0
6.0
4.0
2.0
0.0
盈餘企業
優良企業
營建業
製造業
資訊電信業
批發業
零售業
一般餐飲業
不動產業
服務業

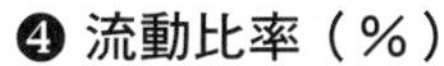
❹ 流動比率（%）

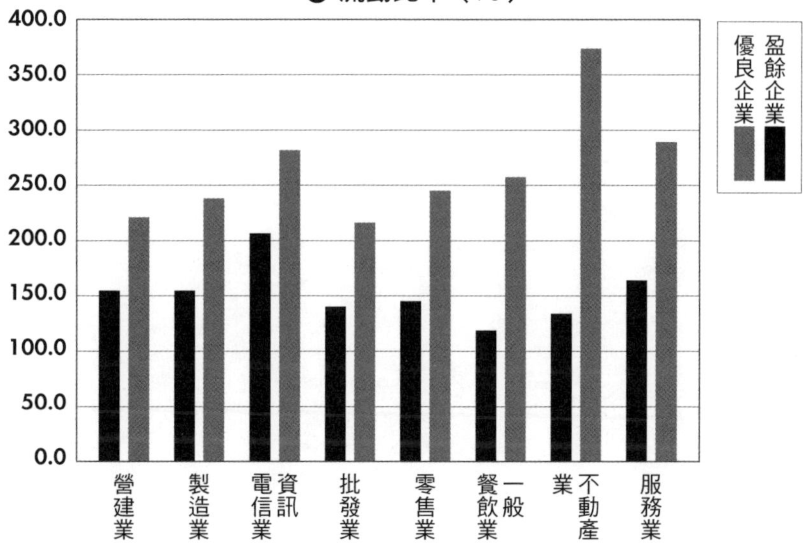
400.0
350.0
300.0
250.0
200.0
150.0
100.0
50.0
0.0
盈餘企業
優良企業
營建業
製造業
資訊電信業
批發業
零售業
一般餐飲業
不動產業
服務業

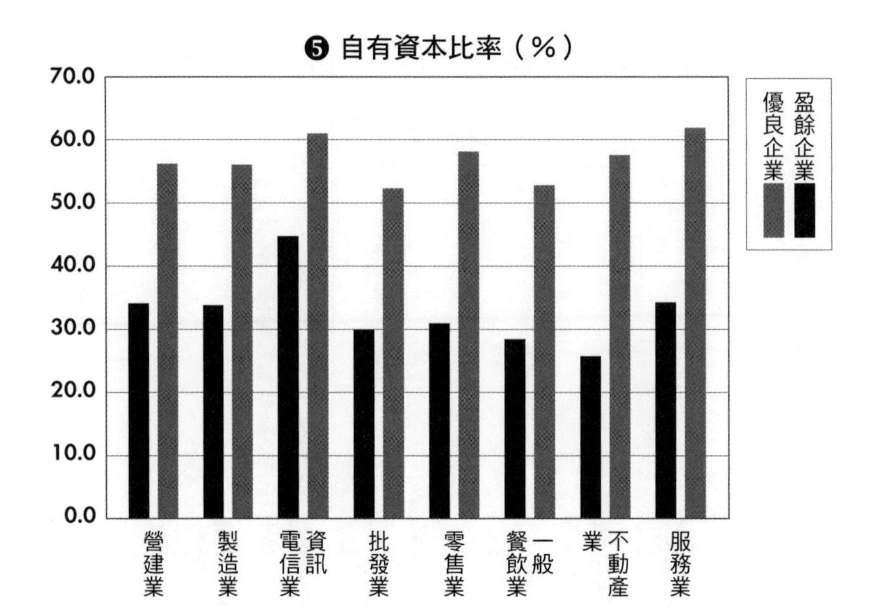

Point

試比較優良企業與盈餘企業，請藉由這項比較了解：應該做為企業經營目標的業界最高水準經營指標，以及盈餘企業的平均經營指標之間仍有相當大的差距，並要以此做為經營改革的目標。

與第五頁「檢驗計數感的十個問題」有重要關連之章節

□1. 能夠確切說明為什麼銷貨額急遽成長的公司，有可能會資金不足。

◎特別有關連的章節→第5章〈5-1 營運資金所代表的意義為何？〉

□2. 能夠指出兩項以上為什麼要提列折舊的原因。

◎特別有關連的章節→第3章〈3-2 你能從資金運用的觀點將資產區分為兩種嗎？〉
→第3章〈3-6 進行設備投資時必須注意哪些問題？〉

□3. 能夠說明利率與經營活動的關係。

◎特別有關連的章節→第8章〈8-2 你了解利率在經營上的意義嗎？〉

□4. 能夠確切說明市價會計對經營會造成什麼影響。

◎特別有關連的章節→第3章〈3-4 市價會計會對經營造成什麼影響？〉

□5. 能夠確切說明何謂附加價值。

◎特別有關連的章節→第2章〈2-5提升附加價值的方法有哪些？（其一）〉
→第2章〈2-6提升附加價值的方法有哪些？（其二）〉

□6. 知道要用哪一種經營指標來檢驗附加價值的高低。

◎特別有關連的章節→第2章〈2-5 提升附加價值的方法有哪些？（其一）〉
→第2章〈2-6 提升附加價值的方法有哪些？（其二）〉
→第7章〈7-4 附加價值應如何分配？〉

□7. 能夠理解經營計畫的成本要如何計算以及提報。

◎特別有關連的章節→第2章〈2-7 哪些資訊在損益表上看不到？〉

□8. 能夠理解企業價值，進而思考提升企業價值的切入點。

◎特別有關連的章節→第9章〈9-4 要如何提升企業價值？〉

□9. 理解資金運作與現金流量的不同。

◎特別有關連的章節→第4章〈4-1 現金流量與資金運用有什麼不同？〉

□10. 能指出在損益表中看不出來、但卻是經營所必須的費用。

◎特別有關連的章節→第2章〈2-7 哪些資訊在損益表上看不到？〉

中譯	日文	英文	頁碼
資本分配率	資本分配率	capital share	126,172
資本利得	値上がり益	Capital gain	79,137
資金成本	資本コスト	capital cost	136,154
資金運用	資金繰り		70
資產風險	資産リスク	asset risk	66
資產週轉率	資産回転率	asset turnover	152
運用報酬率	運用利回り	yield on investment	136
違約風險	デフォルトリスク	default risk	144
預期報酬率	期待収益率	Expected rate of return	144
預期總資產	予想総資産		190,194
	十四劃		
實物支付	現物給与	payment in kind	118,119
實際使用年數	使用耐用年数	Using Years	76
槓桿效果	レバレッジ効果	leverage effect	142
滿意因素	満足要因	factors Affecting job dissatisfaction	131
綜效	シナジー	synergy	161
製造成本	製造原価	manufacturing cost	32,96,102,106,110
製造型零售業	アパレル製造小売業（SPA）	specialty store retailer of private label apparel	34
製造費用；業務費用	経費	expense	100
赫茲伯格	ハーズバーグ	Frederick Herzberg	130
赫茲伯格的激勵保健理論	ハーズバーグの動機付け・衛生理論	Herzberg's motivation-hygiene theory	131
價格設定	価格設定	Price setting	110
增額現金流量	増分キャッシュフロー	Incremental Cash Flow	196,198
廢棄損失	廃棄ロス	abandonment loss	32
數值目標	数値目標	numerical target	22
潛在利益	含み益	latent gain	56
範疇經濟	範囲の経済性	economies of scope	161

中譯	日文	英文	頁碼
十七劃			
優勢	強み	strength	26
償還差損	償還差損	Loss from redemption	134
應付帳款	買掛金	accounts payable	84,85
應計退休金	退職給付引当金	Accrued pension liabilities	56,58
擬制性現金流量表	予想キャッシュフロー計算書	pro forma statement of cash flows	24
擬制性損益表	予想損益計算書	pro forma income statement	24
擬制性資產負債表	予想貸借対照表	pro forma balance sheet	24,192,194
營業收益	営業利益	operating profit	90,120,122,154
營業利益率	売上高営業利益率	operating profit ratio	35,90
營業現金流量	営業キャッシュフロー	cash flows from operating activities	62,70,72,74,76,78,90
營運計畫	ビジネスプラン	business plan	24,70,72,184,200,
營運資金調度額	運転資金の調達高	working capital	84,158
縮減費用效果	費用削減効果	Cost-reduction Effects	44
總成本	総原価	Total cost	110
總資產報酬率	総資産利益率（ROA）	return on assets	142,145,150,152,154,000
總資產當期淨利率（總資產報酬率）	総資産当期純利益率	ROA；return on assets	142
總資產經常利益率（總資產報酬率）	総資産経常利益率	ROA；return on assets	151
總銷貨收益率	売上総利益率	Gross profit margin	34,46
總銷貨額	総売上高	total sales	30,47,110,144
總邊際利益率	総合限界利益率	total Contribution Margin Ratio	176,184,186

國家圖書館出版品預行編目資料

圖解看財務報表解讀經營策略 / 千賀秀信作，-- 初版一台北市：易博士文化，
城邦文化出版：家庭傳媒城邦分公司發行，2016.11
面；公分，-- (Knowledge base；69)
譯自：経営センスが高まる！計数感覚がハッキリわかる本
ISBN 978-986-480-007-0
1 財務報表 2 財務分析

495.47　　105019932

DK0069

圖解看財務報表解讀經營策略

原著書名／経営センスが高まる！計数感覚がハッキリわかる本
原出版社／日本鑽石社
作　　者／千賀秀信
譯　　者／徐小雅
選 書 人／蕭麗媛
編　　輯／李中宜、鄭雁聿

業務經理／羅越華
總 編 輯／蕭麗媛
視覺總監／陳栩椿
發 行 人／何飛鵬
出　　版／易博士文化
城邦文化事業股份有限公司
台北市中山區民生東路二141號8樓
電話：（02）2500-7008　傳真：（02）2502-7676　E-mail：ct_easybooks@hmg.com.tw
發　　行／英屬蓋曼群島商家庭傳媒股份有限公司城邦分公司
台北市中山區民生東路二段141號2樓
書虫客服服務專線：（02）2500-7718、2500-7719
服務時間：周一至周五上午09:00-12:00；下午13:30-17:00
24小時傳真服務：（02）2500-1990、2500-1991
讀者服務信箱：service@readingclub.com.tw
劃撥帳號：19863813
戶名：書虫股份有限公司
香港發行所／城邦（香港）出版集團有限公司
香港灣仔駱克道193號東超商業中心1樓
電話：（852）2508-6231　傳真：（852）2578-9337　E-mail：hkcite@biznetvigator.com
馬新發行所／城邦（馬新）出版集團 [Cite (M) Sdn. Bhd.]
41, Jalan Radin Anum, Bandar Baru Sri Petaling, 57000 Kuala Lumpur, Malaysia
電話：（603）9057-8822　傳真：（603）9057-6622　E-mail：cite@cite.com.my

美術編輯／簡至成
封面構成／林佩樺
製版印刷／卡樂彩色製版印刷有限公司

2010年5月4日初版1刷《圖解經營計數感：貫通營運活動與財務數字間因果關係的現場經營學》
2016年11月8日修訂（更定書名為《圖解看財務報表解讀經營策略》）
ISBN 978-986-480-007-0
定價380元　HK$127

Printed in Taiwan